U0321536

Backbone.js in Action

Backbone.js
实战

陶国荣 著

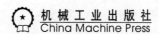

机械工业出版社
China Machine Press

图书在版编目（CIP）数据

Backbone.js 实战 / 陶国荣著 . —北京：机械工业出版社，2014.3
（实战）

ISBN 978-7-111-45989-7

Ⅰ. B… Ⅱ. 陶… Ⅲ. JAVA 语言 – 程序设计 Ⅳ. TP312

中国版本图书馆 CIP 数据核字（2014）第 041357 号

　　资深 Web 开发专家根据 Backbone.js 最新版本撰写，对它的所有功能、特性、使用方法和开发技巧进行了全面而透彻的讲解，是系统学习的权威参考书。本书以一种开创性的写作方式，使理论与实践达到了极好的平衡。不仅对理论知识进行清晰而透彻的阐述，而且根据读者理解这些知识的需要精心设计了 70 余个经典示例，以及 4 个综合案例，每个示例分为功能描述、实现代码、页面效果和源码分析四部分，旨在帮助读者通过实践的方式达到迅速掌握 Backbone.js 的目的。

　　全书共 10 章，在逻辑上分为四部分。第一部分（第 1 ~ 7 章）详细介绍了 Backbone 开发所涉及的基础知识，包括适用场景、开发环境的搭建、Underscore 依赖库中各函数的使用方法，以及事件、模型、集合、视图、导航各个模块的功能和使用方法；第二部分（第 8 章）通过两个管理系统的综合案例，充分展示了使用 Backbone 开发的全过程；第三部分（第 9 章）详细讲解了 Require 框架的使用；第四部分（第 10 章）通过两个综合性的移动应用开发案例，演示了利用 Backbone、jQuery Mobile 和 Require 框架开发 WebApp 的详细过程。

Backbone.js 实战

陶国荣　著

出版发行：机械工业出版社（北京市西城区百万庄大街 22 号　邮政编码：100037）

责任编辑：白　宇

印　　刷：北京市荣盛彩色印刷有限公司　　　　　版　　次：2014 年 4 月第 1 版第 1 次印刷

开　　本：186mm×240mm　1/16　　　　　　　印　　张：15

书　　号：ISBN 978-7-111-45989-7　　　　　　定　　价：59.00 元

创作背景

"授人以鱼，不如授之以渔。"作为一名多年从事 Web 开发的工作者，深刻体会到掌握一种开发方式远比开发一个案例重要。近几年来，大数据、用户体验等词汇被不断提及，在当前大数据的环境下，如何不断优化和提升用户的良好体验，是每一个从事 Web 开发人员都必须思考的一个问题。诚然，解决的方案有很多种，前端代码使用 MVC 框架就是一种不错的选择，而在这种框架的背景下，Backbone 则是最优秀的代表。

前端代码的开发是 Web 开发中非常重要的组成部分，随着人们对前端开发的重视，越来越多的功能都由前端来实现，随之而来的是如何有效地管理这些前端中的 JavaScript 代码，并及时快速地响应开发的需求。此外，为了实现更好的用户体验，越来越多的应用采用单页的方式处理大量的 AJAX 异步请求，这些代码又该如何管理？

解决上述问题，可以使用 Backbone 框架，它的核心功能是开发重量级的前端应用，创建前端开发的 MVC 模式，即"模型－视图－集合"的三层模式，按不同功能分层管理 JavaScript 代码，快速响应页面开发的需求，根据模型的变更自动更新 HTML 中的代码，以及使用模板的方式，将 HTML 页面与代码层进行关联，避免直接在代码层中维护 HTML 标记。

此外，Backbone 框架体积非常小，压缩之后不到几十 KB，而它的功能却非常强大，依赖丰富函数的 Underscore 库构建前端代码的 MVC 模式，通过 RESTful JSON 接口从服务器检索数据，并通过事件的触发，自动将数据渲染至 HTML 页面中。准确来讲，Backbone 框架是处理前端 AJAX 应用请求和开发单页应用最理想的工具。

虽然 Backbone 功能强大，使用简单，但它需要开发人员掌握和树立许多新的模型概念，与传统 Web 前端开发之间存在诸多不同。而目前国内图书市场尚无可参考的图书书籍，针对这种情况，笔者推出这本书，旨在帮助广大 Web 开发人员了解 Backbone 开发的模式，掌握其开发原理，并能动手进行实际的开发。

本书内容概述

本书从一个普通 Web 开发人员的角度，详细地介绍了使用 Backbone 所涉及的全部应用知识。

全书共 10 章，整体框架分为四部分。第一部分（第 1 ~ 7 章）为 Backbone 基础知识，分别介绍 Backbone 的环境搭建、Underscore 依赖库中各函数的使用方法，并且对 Backbone 中事件、模型、集合、视图、导航等各组成部分的概念和功能进行详细介绍。第二部分（第 8 章）通过案例开发，介绍了使用 Backbone 框架开发内容管理系统的过程。第三部分（第 9 章）介绍了 Require 的基础知识、系统模块加载，以及自定义模块加载的方法。第四部分（第 10 章）通过两个完整的移动端应用的开发，演示如何结合 Backbone +jQuery Mobile +Require 框架开发 WebApp 的详细过程。

本书特点

全书通过一个个精选的示例，阐述抽象的理论知识；为了使读者更好地理解示例的执行效果，每一个示意图都精心编排，力求能够使读者理解每一步的执行过程；全书由浅入深，逐步推进，以示例为主线，带动与引导读者的阅读兴趣。同时，通过 12 个完整综合案例的开发，巩固之前所学的每个知识点，提升读者独立思考和动手开发的能力。

本书面向的读者

本书针对的是所有 Web 开发爱好者，不论是前端开发，还是后台程序，都可以使用本书。由于本书的结构是层进式的，章节之间有一定的关联，因此，建议读者按章节的编排逐章阅读。在阅读时，尽量不要照抄每一个示例，要理解主要的、核心的代码，自己动手开发相似功能的应用，并逐步完善其功能，才能真正掌握其代码的实质。

联系作者

衷心希望这部耗时数月的开发心得，能给每位阅读过本书的读者带来思路上的启发与技术上的提升，也祝愿广大的读者能通过此书的学习，了解并掌握使用 Backbone 框架开发前端 MVC 结构的知识，早日开发出自己钟爱的应用。书中所有代码可从华章网站⊖下载，如果大家想联系我，欢迎发邮件至 tao_guo_rong@163.com。

致谢

首先感谢机械工业出版社华章公司的编辑们，尤其是杨福川、白宇，你们在写作过程中的全程指导，使整个创作思路能不断提升和改进，使本书能够保质保量地完成。同时，要感谢我的家人，正是你们的理解与默默支持，才能使我全心写作，顺利完成本书的编写。

⊖ 参见华章网站www.hzbook.com。——编辑注

目　录

前　言

示例目录

第 1 章

初识 Backbone

随着人们对 Web 应用程序用户体验的重视，越来越多的应用强化了前端代码的开发，使得前端的 JavaScript 代码越加冗长而无序，各类 AJAX 交互请求错综复杂，如何科学有效地管理这些前端代码，是众多 Web 开发者面临的一道难题。基于这样一种背景，人们沿用服务器端的 MVC 结构体系，将其运用于前端技术的开发与管理，而 Backbone 就是这种结构的最好实践。本章将从基础知识讲起，带领读者进入 Backbone 的精彩世界。

1.1　Backbone 简介

Backbone 是一个非常轻量级的 JavaScript 库，压缩后的文件仅有 16KB，即使加上依赖库 Underscore 也只有 29KB。体积虽然轻量，但功能十分强大，使用该架构，可以打造一个模型（Model）– 视图（View）– 控制器（Controller）即 MVC 类结构的应用程序。通过这种结构，能够高效、分门别类地管理 Web 应用程序中纷乱复杂的 JavaScript 代码，以及处理单页界面（SPI）中含有大量复杂的 AJAX 交互请求。

1.1.1　Backbone 的 MVC 结构

Backbone 的功能如此强大，主要原因是它提供了一套非常完整的 MVC 结构的 Web 开发框架。在这套框架中，数据模型（Model）负责数据原型的创建和各类事件的自定义，并通过 key/value 形式绑定原型数据；通过数据模型集合（Collection）所提供的 API 向原型中添加各类数据；最后通过视图控制器（View）绑定页面中元素的内容并处理相应事件，并通过 RESTful JSON 接口方式与原有应用程序中的数据进行动态交互。其完整结构如图 1-1 所示。

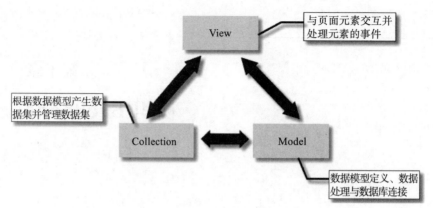

图 1-1 Backbone 的 MVC 结构

1.1.2 特点及适用范围

Backbone 是一个非常轻量级的 JavaScript 框架，与其他前端框架相比而言，有许多共同点，此外其自身还有许多其他框架不具备的特点，包含以下几个方面。

1. MVC 结构化

这是 Backbone 最为显著的特点，根据这一特性，开发人员可以很方便地以 MVC 体系来组织和开发自己的代码，真正做到数据交互、逻辑处理、页面展示的分离；并可以组织分工开发，减少重复开发，提高代码的开发效率和可维护性，而这些对于大型复杂的前端代码开发至关重要。

2. 继承特性

在 JavaScript 代码中，由于没有类的概念，因此，继承是一个比较困难的事情。通过 Backbone 框架，不仅能以面向对象的方式编写自己的数据、集合、视图模型，而且这些模型都具有可继承性，这使得开发人员可以很方便地重载这些模型和扩展一些自定义的属性和方法。这一特性，使应用的框架更加清晰，更利于后续代码的维护与升级。

3. 事件统一管理

在视图模型中，开发者可以通过以下代码对事件进行统一管理。

```
events: {
    'click #btnAdd': 'btnAdd_Click'
}
```

在上述代码中，"events"为事件声明，在接下来的大括号中，以表达式的方式声明各类元素绑定的事件和事件触发时执行的函数。其中，"click"表示元素绑定的事件名称，"#btnAdd"表示页面中 ID 号为"btnAdd"的元素，"btnAdd_Click"表示事件触发时所执行的函数名称；如果需要绑定多个元素的事件，可以通过逗号进行隔开。在视图初始化时，会自动将表达式中的事件绑定到对应元素中。在事件被触发时，视图会自动执行事件对应的函数。

4. 绑定页面模板

Backbone 可以直接调用页面中的 HTML 模板，这样做有两个好处：一是可以在 HTML 模板中嵌入 JavaScript 代码，无须在动态生成 HTML 元素时拼接字符串，减少页面执行时的出错率；另一个好处可以在视图中管理页面中的模板，即定义多套 HTML 页面模板，再根据实际需要选择加载和页面的渲染，极大提升了前端开发人员的工作效率。

5. 服务端无缝交互

在 Backbone 内部中，有一整套与服务器数据自动同步的机制，通过这套机制，用户只需要关注客户端的操作，执行完这些操作后的数据将会在模型类中自动同步到服务器中。而这样的交互也是无缝的，即只要在页面中数据有变化，数据就会自动与服务器同步，至于这一套数据的同步原理和过程，将会在后续的章节中进行详细介绍。

👆 提示

Backbone 是构建一个 MVC 类结构的 JavaScript 库，是一个重量级的类库。为了更好地体现它的优势，笔者建议在构建大型逻辑复杂的单页应用时使用它。由于在 Backbone 中，各类模块间的依赖性不并不太强，开发人员也可以从源码库中单独抽离出某一个模块类，应用到现有的 Web 开发当中，也是一个很不错的选择。

1.2 如何搭建开发 Backbone 应用的框架

搭建一个 Backbone 框架的 Web 应用离不开各类 JavaScript 库的支持，总体来说需要在页面中导入以下三个类型的 JavaScript 库。

1.2.1 Backbone.js 主框架文件

在浏览器的地址栏中输入下载地址（http://documentcloud.github.io/backbone/），打开的页面如图 1-2 所示。

可以选择下载"开发"、"生产"及未发行版本文件，这个文件是 Backbone 框架的主程序文件，目前文件的最新版本为 1.0.0。

1.2.2 Underscore.js 依赖库文件

下载后的 Backbone.js 文件仅是一个框架式的 JavaScript 结构类库，它还依赖于另一个 JavaScript 库 Underscore.js 文件中的基础方法，在浏览器的地址栏中输入下载地址（http://documentcloud.github.io/underscore/），打开的页面如图 1-3 所示。

开发人员同样可以根据需求选择下载"开发"、"生产"和未发行版本文件，目前的最新版本为 1.5.0。

图 1-2　Backbone.js 主框架文件下载页面

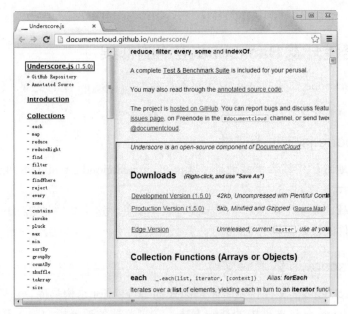

图 1-3　Underscore.js 依赖库文件下载页面

提示

本书中所有示例都是基于 Backbone 1.0.0 和 Underscore 1.5.0 版本进行的。

1.2.3　第三方 JavaScript 库

以上两项是开发一个 Backbone 应用时必须导入的 JavaScript 结构库。此外，为了方便开发人员选择和处理元素，经常引入一些第三方 JavaScript 库，如 jQuery、Zepto 和 Prototype，这些 JavaScript 库结合 Backbone 主框架和依赖库，共同搭建了一个开发 Backbone 应用的框架。

如果将上述三个类型的 JavaScript 库文件都下载在本地项目的 Js 文件夹中（第三类以 jQuery 为例），在开发 Backbone 应用页面的 <head></head> 中，加入如下代码。

```
...
<head>
    <script src="Js/jquery-1.8.2.min.js"
            type="text/javascript"></script>
    <script src="Js/underscore-min.js"
            type="text/javascript"></script>
    <script src="Js/backbone-min.js"
            type="text/javascript"></script>
</head>
...
```

在上述代码中，加载 JavaScript 库文件时的先后顺序十分重要，特别是在加载 Backbone 主框架文件和依赖文件时，应先加载依赖文件 Underscore.js，后加载主框架文件 Backbone.js；此外，出于对加载速度和安全的考虑，这些 JavaScript 库文件，无论是在开发测试还是上线部署，尽量使用压缩后的生产版本，即 "-min" 格式，如有特殊需要，可以按顺序加载未压缩的开发版。

1.3　Backbone 依赖库的使用

在正式开发 Backbone 应用之前，有必要介绍 Backbone 的依赖库 Underscore.js，因为它是一个 Backbone 应用正常运行的基础。如果要使用 Backbone 框架必须先导入依赖库 Underscore.js，这是因为 Backbone.js 不能独立使用，必须通过依赖库 Underscore.js 中的函数完成访问页面元素、处理元素的基本操作。

无论是 Backbone 还是 Underscore 都是 DocumentCloud 公司的一个开源项目，但相对于主框架文件 Backbone.js 而言，依赖库 Underscore.js 是一个最基础的函数库，该库按类别又可以划分为集合、数组、函数、对象、实用工具等，与其他常用的 JavaScript 库一样，函数库将对象、集合、数组的操作进行了封装，开发人员只需要调用这些已封装好的库函数，就可以像使用 jQuery 框架一样，轻松控制 DOM 元素和处理元素事件。

1.3.1　使用 _.bindAll() 函数绑定对象方法

以 "_" 开头是依赖库 Underscore 的一个特征，用于区分其他库函数名，"." 后面就是函数的名称。接下来通过简单的示例来演示 Underscore 函数的强大功能。

示例 1-1 调用 _.bindAll() 函数显示 hello, underscore!

1. 功能描述

在新建的 HTML 页面中添加一个 <div> 元素，单击该元素会调用 _.bindAll() 函数绑定的对象方法，在元素中显示"hello,underscore!"字样。

2. 实现代码

新建一个 HTML 文件 1-1.html，加入如代码清单 1-1 所示的代码。

代码清单 1-1　使用 _.bindAll() 函数绑定对象方法

```html
<!DOCTYPE html>
<html>
<head>
    <title>underscore 中 _.bindAll 函数示例</title>
    <script src="Js/jquery-1.8.2.min.js"
            type="text/javascript"></script>
    <script src="Js/underscore-min.js"
            type="text/javascript"></script>
</head>
<body>
    <div id="divTip">点击我</div>
    <script type="text/javascript">
        var divView = {
            ele: '#divTip',
            tip: 'hello,underscore!',
            onClick: function ()
                { $(this.ele).html(this.tip); }
        };
        _.bindAll(divView, 'onClick');
        $(divView.ele).bind('click', divView.onClick);
    </script>
</body>
</html>
```

3. 页面效果

执行代码后的页面效果如图 1-4 所示。

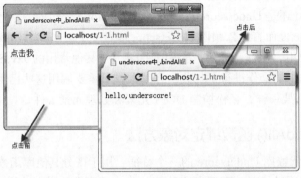

图 1-4　使用 _.bindAll() 函数绑定对象方法

4. 源码分析

在上述页面代码中，为了能更加方便地访问 DOM 元素，首先在 <head> 元素中导入 jQuery 库和 Backbone 依赖库 Underscore.js 文件。然后，在 <script> 元素中添加实现功能的 JavaScript 代码。在代码中，先定义一个 divView 对象，对象内部包含一个 onClick 方法，该方法的功能是将指定元素的显示内容设置为"hello,underscore!"。

接下来通过下列代码将对象内部 onClick 方法与 divView 对象相绑定。

```
_.bindAll(divView, 'onClick');
```

其中，bindAll 是依赖库 Underscore 中的一个函数，功能是将多个方法绑定在指定的对象中。完成绑定后，可以通过对象调用绑定后的方法，使用十分方便。该函数的调用格式如下所示。

```
_.bindAll(object, *methodNames)
```

在上述代码中，括号中的"object"为绑定方法的对象，"*methodNames"为方法名称，如果有多个方法名，可以用逗号隔开。

通过 bindAll 函数完成对象的方法绑定之后，通过 jQuery 中的 bind 方法将 divView 对象的 onClick 方法绑定到指定元素的 click 事件中。单击该元素时，将执行 onClick 方法中的代码，最终将字符内容"hello,underscore!"显示在页面中。

1.3.2 使用 _.keys() 函数检索对象属性名称

依赖库 Underscore 中除了包含处理 DOM 元素的函数集之外，还包含大量对象、集合、数组的处理函数，如下列代码所示。

```
var tmp = _.keys({ name: "陶国荣",
    sex: "男",
    email: "tao_guo_rong@163.com"
});
console.log(tmp[1]);
```

在上述代码中，keys() 是依赖库 Underscore 中的一个对象函数，用于检索出对象属性的名称。执行上述代码后，将在控制台输出"sex"，由于索引号是从"0"开始，因此索引号为"1"的对象名为"sex"。

除上述两个简单的函数之外，依赖库 Underscore 还提供了许多方便调用的内部方法，通过这些方法，开发人员可以很方便地在页面中与服务器进行数据交互，及时响应并处理客户的操作请求，更多关于 Underscore 库中的内部函数和方法，将在第 2 章进行详细介绍。

1.4 开发第一个 Backbone 页面

通过前面章节的介绍，相信大家对 Backbone 架构和它的依赖库 Underscore 有了一个初步的了解，接下来正式开发第一个简单的 Backbone 页面。

示例 1-2 第一个 MVC 页面 hello,backbone!

1. 功能描述

在新建的 HTML 页面中，通过导入的 Backbone 文件搭建一个简单的 MVC 结构。当用户进入该页时，ID 号为"divTip"的 <div> 元素中将显示"hello,backbone!"字样。

2. 实现代码

新建一个 HTML 文件 1-2.html，加入如代码清单 1-2 所示的代码。

代码清单 1-2　第一个 Backbone 页面应用

```html
<!DOCTYPE html>
<html>
<head>
    <title> 第一个 backbone 页面应用 </title>
    <script src="Js/jquery-1.8.2.min.js"
            type="text/javascript"></script>
    <script src="Js/underscore-min.js"
            type="text/javascript"></script>
    <script src="Js/backbone-min.js"
            type="text/javascript"></script>
    <script type="text/javascript">
        $(function () {
            // 定义模型类
①          window.Test = Backbone.Model.extend({
                defaults: {
                    content: ''
                }
            });
            // 创建集合模型类
②          window.TestList = Backbone.Collection.extend({
                model: Test
            });
            // 向模型添加数据
            var data = new TestList({
                content: 'hello,backbone!'
            });
            // 创建 View 对象
③          window.TestView = Backbone.View.extend({
                el: $("body"),
                initialize: function () {
                  $("#divTip")
                  .html(data.models[0].get("content"));
                }
            });
            // 实例化 View 对象
            window.App = new TestView;
        });
    </script>
</head>
<body>
    <div id="divTip"></div>
</body>
</html>
```

3. 页面效果

执行代码后的页面效果如图 1-5 所示。

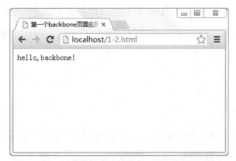

图 1-5　第一个 Backbone 页面应用

4. 源码分析

在本示例的页面代码中，首先在 <head> 元素中导入 3 个相应的库文件，即 jQuery 框架、Backbone 主框架和依赖库 Underscore。需要注意它们导入页面的顺序，由于代码是按照自上而下的顺序进行执行的，因此先导入 jQuery 框架文件；Backbone 依赖于 Underscore 库，因此在导入 Underscore 库文件后，才导入 Backbone 主框架文件。

然后，在 <script> 元素中添加代码，构建页面的 MVC 结构。在代码中，整体结构分成三大部分，通过大括号的方式对代码进行划分并添加数字标记，下面分析每一部分的代码。

①部分，通过 Backbone 中的 extend 方法自定义一个 Model 层模型类"Test"。在该模型类中，使用"defaults"方式设置模型实例化时，将复制默认数据项"content"。在通常情况下，模型类中的默认数据项的值都为空，在实例化模型类时，才真正被实参所取代。如果要设置多个默认的数据项参数，可以用逗号进行隔开。这一部分主要是构建模型类，并设置一些默认数据项。

注意

在实例化模型类时，无论是否向每个已设置的默认数据项传递实参，这些默认数据项都将全部复制到这个实例化对象中。

②部分，先通过 Backbone 中的 extend 方法自定义一个 Collection 层集合类"TestList"。在该集合类中，使用"model"方式声明该集合类继承了模型类"Test"。然后实例化一个集合类对象"data"。在实例化过程中，根据模型类中设置的默认数据项向集合类中添加对应的数据，即将 content 的实参设置为"hello,backbone!"。

③部分，先通过 Backbone 中的 extend 方法自定义一个 View 层视图类"TestView"，在该视图类中，将 el 属性设置为"$("body")"，表明是针对整个页面元素部分；接下来在定义的 initialize() 函数中，通过 get 方式获取集合对象 data 中 content 数据项的值，即"hello,backbone!"字符串，并将该字符串内容显示在 ID 号为"divTip"的页面元素中。

最后，实例化一个视图类对象 App，代码如下。

```
window.App = new TestView;
```

执行上述代码之后，由于在视图类中定义了 initialize() 函数，在创建一个新实例时，视图类中的 initialize() 函数会自动被执行，即最终将"hello,backbone!"显示在 ID 号为"divTip"的页面元素中。

1.5 本章小结

本章先从 Backbone 框架的特点讲起，并介绍该框架适用范围和搭建方法，然后通过两个简单的示例介绍 Backbone 框架依赖库 Underscore 的使用方法，最后，通过一个完整的示例介绍使用 Backbone 开发一个 MVC 页面应用的过程。通过本章节的学习，使读者初步了解 Backbone 框架构建 MVC 应用核心类的方法和流程。

第 2 章

依赖库 Underscore

上一章通过两个简单的函数，大致了解了依赖库 Underscore 中函数的基本特征和使用方法。在依赖库 Underscore 中，为了提升代码的开发效率，采用封装函数的方式来操作 DOM 元素和调用 JavaScript 对象方法，因此，依赖库 Underscore 中并没有复杂的逻辑和流程，只是包含了大量的函数集。了解并掌握这些函数集，是我们更好地学习 Backbone 的基础和前提。

2.1 Underscore 简介

依赖库 Underscore 是一个非常简洁、实用的 JavaScript 库，短短的 1000 多行代码，却包含了 60 多个独立的函数，这些函数可以在不扩展任何原生 JavaScript 对象的情况下，为代码的开发提供丰富的实用功能，无论是小型移动应用还是复杂框架设计，Underscore 都能发挥重要作用。

与其他 JavaScript 库一样，Underscore 也是一个 JS 文件，其环境的搭建也非常简单，只要在使用的页面中通过 <script> 元素，将该文件导入页面中即可。目前该文件最新的版本为 1.5.0，下载地址为 http://documentcloud.github.io/underscore/，在完成文件的导入后，就可以开始使用 Underscore 中的函数了。

2.1.1 Underscore 对象封装

Underscore 没有对原生 JavaScript 对象进行扩展，而是调用 _() 方法进行封装，一旦封装完成，原生 JavaScript 对象便成为一个 Underscore 对象。也可以通过 Underscore 对象的 value() 方法获取原生 JavaScript 对象中的数据，如下列代码所示。

```
var data = {
    name: " 陶国荣 ",
    email:"tao_guo_rong@163.com"
}
```

```
var object = _(data);
console.log(object.value().name + "_" + object.value().email);
```

在上述代码中，先定义一个原生 JavaScript 对象 data，该对象中包含 name、email 两项属性，并设置了相应的属性值；然后，通过_() 方法将原生的 data 对象转成一个名为"object"的 Underscore 对象；最后，在控制台中输出 Underscore 对象 object 调用 value() 方法获取原生 JavaScript 对象 data 中两项属性值的内容。最终在 Chrome 浏览器控制台上的输出效果如图 2-1 所示。

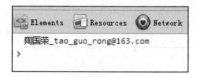

图 2-1　Underscore 对象的封装（一）

一旦使用_() 方法封装成 Underscore 对象之后，就能通过调用 value() 方法访问封装前的原生 JavaScript 数据，还可以直接使用 Underscore 库中现存的函数，如下列代码所示。

```
var arr = [15, 26, 37];
var object = _(arr);
console.log("max:" + object.max() + " min:" + object.min());
```

在上述代码中，先定义一个名为"arr"的数组，然后通过_() 方法将数组转成一个名为"object"的 Underscore 对象，最后 object 对象调用 Underscore 库中的 max() 和 min() 函数在控制台输出数组中的最大和最小元素值。最终在 Chrome 浏览器控制台上的输出效果如图 2-2 所示。

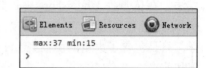

图 2-2　Underscore 对象的封装（二）

2.1.2　Underscore 库的类型模块

Underscore 库中有 60 多个函数，按照处理对象的不同，可以划分为集合类、数组类、功能函数类、对象类、工具函数类这五大类型模块，详细情况如表 2-1 所示。

表 2-1　Underscore 库中的函数

类　　型	函　数　名	功能描述
集合 （Collections）	each()、map()	根据一定的条件遍历集合中的每个元素
	find()、filter()	在指定的列表或对象中，寻找符合 iterator 迭代器中自定义函数规则的元素项
	max()、min()	返回 list 列表中最大值和最小值
	sortBy()、groupBy()	对列表或对象进行排序和分组
数组 （Arrays）	first()、last()	获取数组中的首个或最后一个元素，或指定位数的前面或后面数组
	indexOf()、lastIndexOf()	查找某个元素是否存在于数组中
	without()、union()	排除数组中的某些元素或将多个数组进行链接

（续）

类　　型	函　数　名	功能描述
函数 （Functions）	delay()	段代码或一个函数推迟执行
	once ()	用于对项目变量进行初始化赋值
	wrap ()	把函数本身也包装至 wrapper（包装外层）中
	compose ()	用于计算在数学中一些比较复杂的运算
对象 （Objects）	keys ()、values()	用于返回对象的属性名称和值
	pick ()、omit()	分别用于返回白名单和不属于黑名单的对象
	defaults ()	设置对象的默认属性值，重置属性值后，默认值则不起作用
	has()	返回对象集合中是否包含指定的 key 值，包含返回 true，否则返回 false
功能 （Utility）	random()	返回在指定值范围内的随机数
	escape()、unescape()	HTML 将编码和字符串转义
	template()	对页面中的模块内容进行编译
	chain()	返回一个可以进行链式写法的对象

下面先详细分析集合类中几个重要函数的使用方法。

2.2　集合

在实际的代码开发过程中，常常会运用集合来存储数据，以便于后续代码的直接调用。如果数据存储在集合中，可以通过下列 Underscore 中专门针对集合操作各个函数，快速实现指定的功能。接下来，我们逐一对这些集合函数的使用方法进行详细介绍。

2.2.1　each() 和 map() 函数

Underscore 中的 each() 和 map() 函数有一个共同的特征，就是根据一定的条件遍历集合中的每个元素。它们又有区别，each() 函数在操作时，只是执行按照过滤条件遍历每个列表元素的动作，该动作并无返回内容；而 map() 函数在操作时，不仅按照过滤条件执行遍历元素的动作，而且返回一个新的过滤后的集合内容，接下来逐个进行说明。

1. each() 函数
调用格式：

```
_.each(list, iterator, [context])
```

该函数的功能是：根据 iterator 迭代器提供的过滤条件，遍历 list 列表中的每一个元素，每遍历一次，产生一个迭代函数。此外，iterator 迭代器还可以与可选项 context 上下文对象绑定。示例如下。

```
_.each([1, 2, 3, 4, 5, 6],
```

```
    function (n) { if (!(n % 2)) console.log(n); });
```

上述代码的功能是在控制台中输出指定列表中的偶数。iterator 迭代器是一个自定义的
函数，在该函数中，n 是一个形参，在每次迭代过程中，n
的值将会被列表中的每个元素所取代。在 Chrome 浏览器
的控制台中输出的结果如图 2-3 所示。

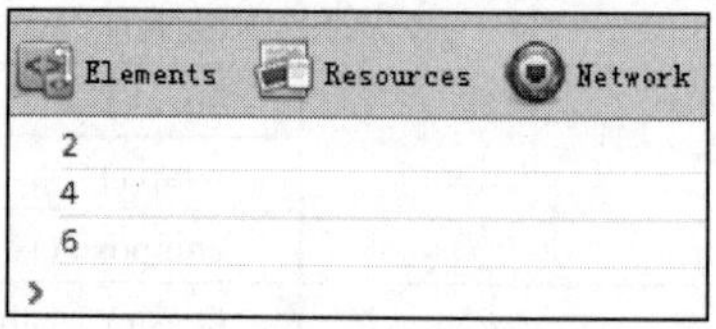

2. map() 函数

调用格式：

```
_.map(list, iterator, [context])
```

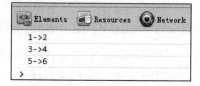

图 2-3　each() 函数使用方法

该函数的功能是：根据 iterator 迭代器中的函数，遍历 list 列表中的每一个元素，在完
成列表元素遍历之后，该函数将返回一个数组对象。示例如下。

```
var arr = _.map([1, 2, 3, 4, 5, 6],
    function (n) { if (!(n % 2)) return n; });
        for (var i = 0; i < arr.length; i++) {
            if (arr[i] != undefined)
                console.log(i + "->" + arr[i]);
        }
```

在上述代码中，先由 map() 函数通过 iterator 迭代器从 list 列表中返回一个偶数数组 arr。
在 arr 数组中，虽然 iterator 迭代器使用了过滤条件，但返回的 arr 数组中元素的总数量与原
列表一样。如果 list 列表中存在不符合 iterator 迭代器中条件的元素，在 arr 数组中将使用
"undefined" 来表示这些元素的值，以确保返回的 arr 数组与原列表中元素总数量保持一致。

然后，使用 for 语句遍历返回数组 arr 中的元素值。在遍历过程中，为了过滤值为
"undefined" 的元素，使用了 "arr[i] != undefined" 语句。最后，通过浏览器的控制台输出
arr 数组中偶数值。最终在 Chrome 浏览器的控制台输出的
效果如图 2-4 所示。

在图 2-4 中，"->" 号左侧表示数组的索引号，右侧
表示索引号对应的数组元素值。通过图中索引号的值可以
很明显地看出，arr 数组中不并仅仅存在图中显示的这三
项，它的元素总量与 list 列表中的元素总量是一致的。

图 2-4　map() 函数使用方法

each() 和 map() 函数都是借助 iterator 迭代器遍历 list 列表中的每个元素，each() 仅是按
照 iterator 迭代器的规则操作 list 列表中的全部元素，函数本身并不返回数据；而 map() 函
数不仅按照 iterator 迭代器的规则操作元素，而且返回一个新的数组，这就是这两个函数间
的最大区别。

无论是 each() 或 map() 函数，如果参数 list 列表是一个 JavaScript 对象，iterator 迭代器
遍历时的参数则变为（value，key，list）。示例如下。

```
var obj = {
    a: "1",
    b: "2",
```

```
    c: "3"
}
_.each(obj,
    function (v, k, obj) {
        return console.log(k + "->" + v);
});
```

以上代码最终在 Chrome 浏览器的控制台输出的效果如图 2-5 所示。

在上述代码中，先定义一个名为 obj 的 JSON 对象，它的内部含有 3 个属性 a，b，c，并对应相应的属性值，然后使用 each() 函数操作对象中的属性。由于此时 list 列表参数是一个对象，因此，iterator 迭代器中自定义的函数参数变为（v, k, obj），并在函数体中使用 console.log 方法输出对象中属性名称和对应的属性值。

图 2-5　each() 函数中 list 为对象时
显示的效果

2.2.2　find() 和 filter() 函数

find() 和 filter() 都属于查找或过滤性函数，都是在指定的列表或对象中，寻找符合 iterator 迭代器中自定义函数规则的元素项。如果找到，find() 函数返回首个与条件相符的元素值；如果没有找到，则返回"undefined"。而在 filter() 函数中，如果找到，则返回一个与条件相符的数组；如果没有找到，则返回一个空数组。接下来我们逐一进行介绍。

1. find () 函数

调用格式：

```
_.find(list, iterator, [context])
```

该函数的功能是：根据 iterator 迭代器中的自定义函数条件，在 list 列表中查找符合条件的第一个元素项，如果找到，返回第一个元素项，否则返回"undefined"。示例如下。

```
var blnfind = _.find([2, 4, 6, 8, 10, 12],
    function (n) { return (!(n % 2 == 0));
});
console.log(blnfind != undefined ? blnfind : "未找到");
```

在上述代码中，find() 函数的 iterator 迭代器参数中，查找条件为"!(n % 2 == 0)"，即查找参数 list 列表中的奇数元素。如果找到，在控制台输出首个符合查找条件的元素项，否则输出"未找到"的字样。由于上述代码中的 list 列表中不存在奇数项，因此将会输出"未找到"字样。最终在 Chrome 浏览器的控制台输出的效果如图 2-6 所示。

图 2-6　find() 函数使用方法

2. filter() 函数

调用格式：

```
_.filter(list, iterator, [context])
```

该函数的功能是：根据 iterator 迭代器中的自定义函数条件，在 list 列表中过滤符合条件的元素项。如果找到，则返回含有元素项的数组；如果没有找到，则返回一个空数组。示例如下。

```
var arrfind = _.filter([1, 4, 3, 6, 5, 8],
    function (n) { return (!(n % 2 == 0));
});
console.log(arrfind.length != 0 ? arrfind : "未找到");
```

在上述代码中，在 filter() 函数的 iterator 迭代器参数中，过滤条件为 "!(n % 2 == 0)"，即过滤参数 list 列表中的奇数元素，其中 arrfind 为过滤后返回的结果值。如果 "arrfind.length != 0" 成立，表示找到了，在控制台中输出全部符合过滤条件的元素项，否则输出 "未找到" 的字样。最终在 Chrome 浏览器的控制台输出的效果如图 2-7 所示。

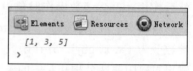

图 2-7　filter () 函数使用方法

2.2.3　max() 和 min() 函数

在 Underscore 中，max() 和 min() 都是返回值函数，前者返回 list 列表中最大值，后者则返回 list 列表中最小值。这两个函数可以加入 iterator 迭代器和 context 上下文对象参数。在加入 iterator 迭代器时，如果函数在执行，先根据 iterator 迭代器中的条件过滤整个列表，再从过滤后的新列表中返回最大或最小元素值。接下来分别进行介绍。

1. max() 函数

调用格式：

```
_.max(list, [iterator], [context])
```

该函数的功能是：返回 list 列表中的最大值。示例如下。

```
var max = _.max([60,40,80]);
console.log("最大值为: " + max);
```

在上述代码中，通过 max() 函数将数组列表中的最大值返回给变量 max，并将该变量值输出在浏览器的控制台。其最终在 Chrome 浏览器的控制台输出的效果如图 2-8 所示。

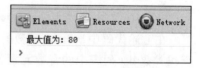

图 2-8　max() 函数使用方法

2. min() 函数

调用格式：

```
_.min(list, [iterator], [context])
```

该函数的功能是：返回 list 列表中的最小值。max() 与 min() 两个函数的使用方法基本相同，不同的是前者返回 list 列表中的最大值，后者返回最小值。

在这两个函数的参数中，如果有可选项 iterator 迭代器，先根据 iterator 迭代器中的自定义函数过滤 list 列表中的每个元素，得到一个新的 list 列表，然后从这个新 list 列表中返回最大或最小值。示例如下。

```
var stu = [
    { name: '张三', score: 60 },
    { name: '李四', score: 40 },
    { name: '王二', score: 80 }
];
var min = _.min(stu, function (n) { return n.score; });
console.log("最小分数值姓名为: " + min.name);
```

在上述代码中，stu 是一个 JSON 格式的数组，在使用 min() 函数获取该数组最小值时，增加了可选项参数 iterator 迭代器。该 iterator 迭代器是一个返回数组中 score 属性值的自定义函数，当执行 min() 函数时，先运行 iterator 迭代器中的自定义函数，返回一个包含数组中全部 score 属性值的新 list 列表，再从该列表中获取最小分数值。由于"李四"的分数值最小，浏览器的控制台中将输出"李四"字样。最终在 Chrome 浏览器的控制台输出的效果如图 2-9 所示。

图 2-9 min () 函数使用方法

2.2.4 sortBy() 和 groupBy() 函数

调用 sortBy() 和 groupBy() 函数可以对列表或对象进行排序和分组，在排序和分组时，都将返回一个新对象列表。排序和分组的规则可以是 iterator 迭代器中自定义的函数，也可以是一个属性型（如长度）字符串。下面分别对这两个函数的使用进行说明。

1. sortBy() 函数

调用格式：

```
_.sortBy(list, iterator, [context])
```

该函数的功能是：返回一个按升序排列的副本列表。排列的规则可以是 iterator 迭代器中自定义的函数，也可以是一个与元素属性相关的字符串，如"length"。示例如下。

```
var stu = [
    { name: '张三', score: 60 },
    { name: '李四', score: 40 },
    { name: '王二', score: 80 }
];
var sort = _.sortBy(stu, function (n) { return n.score; });
for (var p in sort)
    console.log(sort[p].name + "->" + sort[p].score);
```

在上述代码中，执行 sortBy() 函数排序后，获得一个按分数升序排列的副本列表对象，并将该对象保存至 sort 变量中，然后通过 for 语句将排序后的各元素内容输出至浏览器的控制台中。最终在 Chrome 浏览器的控制台输出的效果如图 2-10 所示。

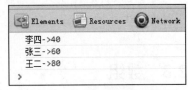

图 2-10 sortBy() 函数使用方法

2. groupBy() 函数

调用格式：

```
_.groupBy(list, iterator, [context])
```

该函数的功能是：将 list 列表按 iterator 迭代器中自定义的函数或一个与元素属性相关的字符串进行分组分割，分割后得到多个子列表。示例如下。

```
var stu = [
    { name: '张三', score: 60 },
    { name: '李四', score: 40 },
    { name: '王二', score: 80 }
];
var group = _.groupBy(stu, function (n) { return n.score>60; });
console.log(group);
```

在上述代码中，通过 iterator 迭代器中的自定义函数，对 stu 对象中的"score"元素按大于 60 的规则进行分组，然后在浏览器的控制台中输出分组后的对象 group。最终在 Chrome 浏览器的控制台输出的效果如图 2-11 所示。

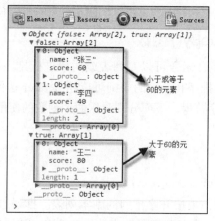

图 2-11　groupBy() 函数使用方法

从图 2-11 中可以清楚地看出，输出的 group 对象根据过滤条件（大于 60）被分割成 false 和 true 两个部分，false 部分是包含两个元素的列表对象，true 部分则是包含一个元素的列表对象。

提示

更多 Underscore 中针对处理集合（Collections）类函数的使用方法可以参考 Underscore 官网的 API 说明。

2.3　数组

在上一节中，介绍了在 Underscore 中针对处理集合（Collections）类函数的使用方法，本节将着重介绍 Underscore 中针对数组（Array）对象函数的使用方法。

2.3.1 first() 和 last() 函数

在 Underscore 中，first() 和 last() 是处理数组最常用的两个函数。前者可以获取数组中的首个元素或指定位数的前面数组，后者可以返回数组中的最后一个元素或指定位数的后面数组。接下来我们逐一进行说明。

1. first () 函数

调用格式：

```
_.first(array, [n])
```

该函数的功能是：返回数组的第一个元素。如果设置可选项 n 的值，将返回一个包含前 n 项元素的新数组。示例如下。

```
var stu = [
    { name: '张三', score: 60 },
    { name: '李四', score: 40 },
    { name: '王二', score: 80 }
];
var first = _.first(stu,2);
console.log(first);
```

图 2-12 first() 函数使用方法

在上述代码中，通过 first() 函数返回 stu 数组对象中前两项的元素内容，并将它输出到浏览器的控制台中。最终在 Chrome 浏览器的控制台输出的效果如图 2-12 所示。

2. last () 函数

调用格式：

```
_.last(array, [n])
```

该函数的功能是：返回数组的最后一个元素。如果设置了可选项 n 的值，将返回一个包含后 n 项元素的新数组。示例如下。

```
var stu = [
    { name: '张三', score: 60 },
    { name: '李四', score: 40 },
    { name: '王二', score: 80 }
];
var last = _.last(stu, 2);
console.log(last);
```

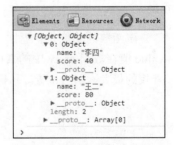

图 2-13 last() 函数使用方法

在上述代码中，通过 last() 函数返回 stu 数组对象中后两项的元素内容，并将它输出到浏览器的控制台中。最终在 Chrome 浏览器的控制台输出的效果如图 2-13 所示。

2.3.2 indexOf() 和 lastIndexOf() 函数

在 Underscore 中，如果要查找某个元素是否存在于数组中，可以使用 indexOf() 和 lastIndexOf() 这两个函数。前者是查找元素首次出现的位置，后者是查找元素最后一次出现的位置，如果不存在，都返回 –1，否则返回被查找元素在数组中的位置，即元素的索引号，该索引号从 0 开始。接下来分别对这两个函数进行介绍。

1. indexOf() 函数

调用格式：

```
_.indexOf(array, value, [isSorted])
```

该函数的功能是：返回 value 值在数组 array 中首次出现的位置。如果存在，返回 value 值在数组 array 中的索引号；如果不存在，则返回 –1 值。在一个较大的数组 array 中，如果该数组已经排序过，可以使用可选参数 isSorted，该参数用于加速查找的过程。示例如下。

```
var stu = ['张三', '李四', '王二'];
var find = _.indexOf(stu, '李四');
console.log(find);
```

上述代码通过 indexOf() 函数在数组 stu 中查找"李四"元素，并将查找结果显示在浏览器的控制台中。由于元素"李四"包含在数组 stu 中，因此将在控制台输出被查找元素在数组中首次出现的位置，即索引号为 1。最终在 Chrome 浏览器的控制台输出的效果如图 2-14 所示。

图 2-14 indexOf() 函数使用方法

✋ 说明

indexOf () 函数是全字匹配，数组中的元素内容必须与查找字符 value 完全一样才能算是存在，否则都将返回 –1，表示没有找到。

2. lastIndexOf () 函数

调用格式：

```
_.lastIndexOf(array, value, [fromIndex])
```

该函数的功能是：返回 value 值在数组 array 中最后一次出现的位置。如果存在，返回 value 值在数组 array 中的索引号；如果不存在，则返回 –1 值。可选项 fromIndex 表示指定查找的最大索引号位置。示例如下。

```
var stu = ['李四', '王二', '李四', '张三', '李四'];
var find = _.lastIndexOf(stu, '李四', 3);
console.log(find);
```

在上述代码中，数组 stu 包含 3 个不同索引号位置而内容都为"李四"的元素。当使用 lastIndexOf 函数在最大索引号为 3 的范围内查找"李四"这个元素时，该元素最后一次出现的索引号位置则为 2，最后将该值输出至浏览器的控制台中。最终在 Chrome 浏览器的控制台输出的效果如图 2-15 所示。

图 2-15　lastIndexOf () 函数使用方法

2.3.3　without() 和 union() 函数

在 Underscore 中，如果要排除数组中的某些元素或将多个数组进行链接，可以使用 without() 或 union() 函数。前者是一个排他函数，可以移除数组中指定的某些元素，返回一个新的数组；后者则可以将多个元素进行链接，除掉重复元素项，同样也返回一个新的数组。接下来，分别对这两个函数的使用方法进行详细介绍。

1. without() 函数

调用格式：

```
_.without(array, [*values])
```

该函数的功能是：返回一个不包含可选项 values 元素的新数组，参数 array 为原数组，可选项 *values 为原数组中的各个元素。示例如下。

```
var newarr = _.without([40, 60, 50, 40, 4], 4, 40);
console.log(newarr);
```

在上述代码中，without() 函数返回的新数组不包含 4 和 40 两个元素。在执行该函数时，将在原数组的基础之上，返回一个不包含 4 和 40 两个元素的新数组 newarr，并将该数组输出到浏览器的控制台中。最终在 Chrome 浏览器的控制台输出的效果如图 2-16 所示。

图 2-16　without() 函数使用方法

2. union() 函数

调用格式：

```
_.union(*arrays)
```

该函数的功能是：返回组合后的数组列表。参数 arrays 是一个或多个数组列表。如果多个数组中有重复的元素，在返回的组合数组列表中仅显示一次。示例如下。

```
var newarr = _.union([1, 2, 3], [3, 4, 5], [5, 6, 7]);
console.log(newarr);
```

在上述代码中，union() 函数将 3 个数组进行合并重组，各数组中相同元素项仅保留一次，因此，在浏览器控制台输出的数组元素为 "1，2，3，4，5，6，7"。最终在 Chrome 浏览器的控制台输出的效果如图 2-17 所示。

图 2-17　union() 函数使用方法

2.4 函数

上一节介绍了 Underscore 库中用于处理数组类数据的主要函数，接下来介绍 Underscore 库中一些功能性函数的使用方法。例如，第 1 章提及的 bindAll() 函数，它的功能就是将一个或多个方法与某个页面元素相绑定，类似这样的函数在 Underscore 库中还有很多，接下来进行详细介绍。

2.4.1 delay() 函数

在 Underscore 库中，delay() 函数的功能类似于 JavaScript 中的 setTimeout() 方法，即表示推迟一段代码或一个函数的执行。它的调用格式如下。

```
_.delay(function, wait, [*arguments])
```

其中，参数 function 为自定义的函数，wait 为设置延迟的时间（单位为毫秒），可选参数 arguments 为调用自定义函数时所需的实参（如果函数有参数）。示例如下。

```
var fun = function (v) { console.log(' 你输入的是: ' + v); }
_.delay(fun, 1000, "underscore");
```

在上述代码中，先自定义一个函数 fun，该函数的功能是在控制台中输出用户输入的任意字符内容。然后调用 delay() 函数，在延时 1000 毫秒后，执行 fun 函数，在执行时，将实参 underscore 传入形参 v。最后在浏览器的控制台中输出"你输入的是：underscore"字样。最终在 Chrome 浏览器的控制台输出的效果如图 2-18 所示。

图 2-18　delay() 函数使用方法

2.4.2 once() 函数

在 Underscore 库中，执行 once() 函数类似于对变量进行打包初始化的过程。once() 函数仅执行一次，再次执行时无效，因此，once() 函数常用于对项目变量进行初始化赋值。其调用格式如下。

```
_.once(function)
```

其中，参数 function 是一个函数的名称，执行 once() 函数时，将调用名称为 function 的函数，再次执行 once() 函数时，将不再调用该函数，仅执行一次。示例如下。

```
var num, str;
var fun = function () {
    num = 0; str = "1";
    console.log(" 初始化成功! ");
}
var init = _.once(fun);
init();
console.log(" 初始化后值 ->num:" + num + ";str:" + str);
```

在上述代码中，先定义两个变量 num 和 str，然后自定义一个函数 fun。在该函数中，对已定义的两个变量进行初始化赋值，赋值完成后在控制台输出"初始化成功！"的字样。

最后将 once() 函数调用时的返回值（一个函数）保存在 init 变量中。由于该返回值是一个函数，当调用该函数时，将执行自定义函数 fun 的初始化功能，在初始化完成后，再将两个变量 num 和 str 的值显示在浏览器的控制台中。最终在 Chrome 浏览器的控制台输出的效果如图 2-19 所示。

图 2-19　once() 函数使用方法

2.4.3　wrap() 函数

在 Underscore 库中，wrap() 函数的作用是包装，包装方式是把函数本身包装至 wrapper（包装外层）中。在调用时，函数本身仅作为 wrapper（包装外层）的一个参数进行传入。具体调用格式如下。

```
_.wrap(function, wrapper)
```

其中，参数 function 是被包装的函数，wrapper 是包装外层，它也是一个函数，但这个函数的参数就是被包装的函数本身。示例如下。

```
var input = function (n, s) {
    return s ? n + ",先生 " : n + ",女士 ";
};
input = _.wrap(input, function (input) {
    return "你好，" + input ("陶国荣", 1) + ",欢迎来到Backbone世界!";
});
console.log(input());
```

在上述代码中，先自定义一个 input 函数，该函数有两个参数 n 和 s，前者用于传递用户输出的"姓名"字符内容，后者用于传递"性别"。当"性别"为非 0 时，表示"男"，便在返回的"姓名"字符内容后添加",先生"字样，否则表示"女"，将在返回的"姓名"字符内容后添加",女士"字样。

接下来，调用 wrap() 函数对自定义的 input 函数进行包装。在包装时，input 函数作为 wrapper（包装外层）函数的一个参数进行数据传递，并在 input 函数前后添加了其他字符串内容，通过 return 语句一起返给调用函数。最终在 Chrome 浏览器的控制台输出的效果如图 2-20 所示。

图 2-20　wrap() 函数使用方法

2.4.4　compose() 函数

在 Underscore 库中，compose() 函数的功能是返回一个经过多个函数组合后的列表，用于计算在数学中一些比较复杂的运算，其调用格式如下。

```
_.compose(*functions)
```

其中，参数 *functions 表示多个函数，compose() 函数可以将这些函数以一种有序的包含方式进行组合，例如参数 *functions 中依次包含 A、B 两个函数。当执行 compose() 函数时，过程是这样的：先调用 B 函数，再将它的返回值作为 A 函数的参数，即 A(B())。如果依次包含 A、B、C 三个函数，则执行过程是：A(B(C()))，依此类推。示例如下。

```
var A = function (a1) { return a1 * a1; }
var B = function (b1) { return b1 * b1; }
var C = function (c1) { return c1 * c1; }
var D = _.compose(A, B, C);
console.log(" 最终结果为: "+D(2));
```

在上述代码中，先自定义 3 个函数，分别为 A、B、C，它们的功能都是计算输入参数的平方，然后调用 compose() 函数将上述的 3 个函数按照包含的方式进行组合，并将组合后返回的结果赋予函数 D。最后使用输入值 2 调用函数 D，并将返回的结果显示在浏览器的控制台中。最终在 Chrome 浏览器的控制台输出的效果如图 2-21 所示。

图 2-21　compose() 函数使用方法

从图 2-21 中可以看出，当使用输入值 2 调用函数 D 时，其最终的结果为 256，该值的计算过程为：$2 \times 2=4$，$4 \times 4=16$，$16 \times 16=256$，即按照 A(B(C())) 顺序进行执行。

2.5　对象

上一节重点介绍了 Underscore 库中几个功能性的自带函数，而在实际的开发过程中，对象（Objects）的使用也很频繁。Underscore 库中提供了一系列针对对象的函数，本节进行详细的介绍。

2.5.1　keys() 和 values() 函数

在 Underscore 库中，有许多对象的组成格式为 key/value 方式，针对这种对象，如果需要获取它的全部 key 值名称或 value 值，可以通过调用 keys() 和 values() 函数，前者返回一个包含全部 key 值名称的数组，后者则返回一个包含全部 value 值的数组，下面逐一进行介绍。

1. keys() 函数

调用格式：

```
_.keys(object)
```

该函数的功能是：检索并返回对象的属性名称，返回格式为数组。参数 object 表示任意一个组成格式为 key/value 的对象。示例如下。

```
var info = {
```

```
        name: '陶国荣',
        sex: '男',
        email: 'tao_guo_rong@163.com'
    }
var arrkey = _.keys(info);
console.log(arrkey);
```

在上述代码中，先自定义一个名称为 info 的对象，包含 3 个 key 属性 name、sex、email；然后将 info 对象作为参数执行 keys() 函数，并将返回的数组保存至变量 arrkey 中；最后将该变量在浏览器的控制台中输出。最终在 Chrome 浏览器的控制台输出的效果如图 2-22 所示。

图 2-22　keys() 函数使用方法

2. values() 函数
调用格式：

```
_.values(object)
```

该函数的功能是：返回对象的属性值，返回格式为数组。其中，参数 object 表示任意一个组成格式为 key/value 的对象。示例如下。

```
var info = {
        name: '陶国荣',
        sex: '男',
        email: 'tao_guo_rong@163.com'
    }
var arrvalue = _.values(info);
console.log(arrvalue);
```

在上述代码中，调用 values() 函数将获取对象的属性值保存至变量 arrvalue 中，最后将该变量在浏览器的控制台中输出。最终在 Chrome 浏览器的控制台输出的效果如图 2-23 所示。

图 2-23　values() 函数使用方法

2.5.2　pick() 和 omit() 函数

在 Underscore 库中，如果要挑选和排除对象中的任意 key 属性，可以使用 pick() 和 omit() 函数，前者可以从指定的对象中挑选出需要的任意 key 属性，后者能够从指定的对象中排除不需要的任意 key 属性，两者都返回一个新的对象。接下来分别进行介绍。

1. pick() 函数
调用格式：

```
_.pick(object, *keys)
```

该函数的功能是：返回一个只有列入挑选 key 属性的对象。其中，参数 object 为 JSON 格式的对象，*keys 表示多个需要挑选出来的 key 属性。示例如下。

```
var data = {
```

```
        A: 1,
        B: 2,
        C: 3,
        D: 4
    }
    var newdata = _.pick(data, 'B', 'C');
    console.log(newdata);
```

在上述代码中，先定义一个名为 data 的对象，该对象中包含 4 个属性，分别为 A、B、C、D；然后调用 pick() 函数，挑选 key 的属性为 B、C，并将返回的对象赋予变量 newdata；最后，在控制台输出该对象的内容。最终在 Chrome 浏览器的控制台输出的效果如图 2-24 所示。

从图 2-24 中可以看出，挑选 key 属性后，返回一个新的对象，该对象包含被挑选的全部 key 属性和 value 值。

图 2-24　pick() 函数使用方法

2. omit() 函数

调用格式：

```
_.omit(object, *keys)
```

该函数的功能是：返回一个没有列入排除 key 属性的对象。其中，参数 object 为 JSON 格式的对象，*keys 表示多个需要排除掉的 key 属性。示例如下。

```
var data = {
        A: 1,
        B: 2,
        C: 3,
        D: 4
    }
    var newdata = _.omit(data, 'B', 'C');
    console.log(newdata);
```

在上述代码中，调用 omit() 函数，排除 key 的属性为 B、C，将返回的对象赋予变量 newdata，并在控制台输出该对象的内容。最终在 Chrome 浏览器的控制台输出的效果如图 2-25 所示。

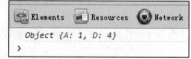

从图 2-25 中可以看出，因为排除了 key 属性 B 和 C，最后返回的新对象中仅包含了 key 属性 A 和 D 的名称和对应值。

图 2-25　omit() 函数使用方法

2.5.3　defaults() 函数

在 Underscore 库中，可以通过 defaults() 函数设置对象的默认属性值，如果这些默认的属性被重置，则使用 defaults() 函数设置的属性值无效，以重置后的值为准。其调用格式如下。

```
_.defaults(object, *defaults)
```

该函数的功能是：返回一个设置了默认属性内容的对象。其中，参数 object 为设置默认属性值的对象，*defaults 为需要设置的默认属性列表。示例如下。

```
var info = {}
info = _.defaults(info, {
    name: '',
    email: 'tao_guo_rong@163.com'
});
info.name = "陶国荣";
 console.log(info);
```

在上述代码中，先定义一个名为 info 的空对象，然后调用 defaults() 函数为空对象设置默认属性内容。完成设置后，再重置 info 对象的"name"属性值，最后在浏览器的控制台中输出整个 info 对象的内容。最终在 Chrome 浏览器的控制台输出的效果如图 2-26 所示。

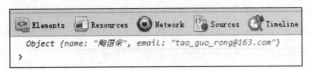

图 2-26　defaults() 函数使用方法

从图 2-26 中可以看出，在输出的 info 对象中，"name"属性值源于重置，"email"属性值则源于 defaults() 函数最初的设置，一旦有属性的重置，原先的设置将会被覆盖。

2.5.4　has() 函数

在 Underscore 库中，has() 是一个很实用的函数，它可以检测出 JSON 格式的对象中，是否存在某个属性（key）值。如果存在，返回 true，否则返回 false。has() 函数常用于调用对象的某属性之前的检测，通过该功能可以避免调用对象空属性的错误，它的调用格式如下。

```
_.has(object, key)
```

该函数的功能是：检测对象中是否包含给定的属性（key），结果返回 true 或 false。其中，参数 object 为对象，key 表示对象中包含的属性名称。示例如下。

```
var info = {
    name: '陶国荣',
    sex: '男',
    email: 'tao_guo_rong@163.com'
}
var strShow;
if (_.has(info, 'score'))
    strShow = info.score;
else
    strShow = "对象中不包含该属性!";
console.log(strShow);
```

在上述代码中，先自定义一个名为 info 的 JSON 格式对象和一个用于输出的字符串变量"strShow"，然后调用 has() 函数检测对象中是否包含 score 属性。如果存在，将该属性值赋予变量"strShow"，否则将错误提示信息赋予变量。最后，在浏览器的控制台中输出该变量的内容。最终在 Chrome 浏览器的控制台输出的效果如图 2-27 所示。

从图 2-27 中可以看出，由于 info 对象中不存在名称为"score"的属性，因此，在浏览器的控制台中输出错误提示信息。如果不使用 has()函数进行属性检测，而直接访问对象的属性，将出现"undefined"异常。

图 2-27　has() 函数使用方法

2.6　功能

作为一个轻量级的 JavaScript 库，Underscore 可以直接调用传统 JavaScript 中一些自带的常用函数，如 alert、confirm 等，但它本身也提供了很多非常实用的一些功能性函数，如 random（随机数）、escape 和 unescape（格式转换）、template（自定义模板）、mixin（自定义函数）。接下来详细介绍 Underscore 库内这些功能性函数的使用方法。

2.6.1　random() 函数

在 Underscore 库中，random() 函数的功能是获取指定数字范围内的随机数。与传统的 JavaScript 获取随机数代码相比较，random() 函数更简便。该函数的默认最小范围数字为 0，该值可以省略，只设置一个最大范围值，此时将返回一个从 0 到这个最大范围值的随机数。其调用格式如下。

```
_.random(min, max)
```

该函数的功能是：返回一个在最小值和最大值范围之间的随机数。其中，参数 min、max 分别表示生成随机数的最小和最大范围数值。最小范围数值可以省略，如果省略，表示它的最小范围值为 0。示例如下。

```
var intdef = _.random(10);
var intnum = _.random(10, 20);
console.log("两个随机数分别为: " + intdef + "," + intnum);
```

在上述代码中，先定义两个变量 intdef 和 intnum，前者用于保存只设置最大范围值是 10 的随机数，后者用于保存 10 ～ 20 间的随机数；然后，将获取的这两个变量，通过浏览器的控制台进行输出。最终在 Chrome 浏览器的控制台输出的效果如图 2-28 所示。

图 2-28　random() 函数使用方法

🖐 说明

在 random() 函数中，当指定的范围值为 10 ～ 20 时，也包含这两个范围值本身，即函数也将返回 10 或 20。

2.6.2　escape() 和 unescape() 函数

escape() 和 unescape() 是一对编码和解码函数，escape() 函数功能是对指定的字符串内容进行编码，该函数返回一个编码后的新字符串；而 unescape() 函数则是对编码后的新字符串进行解码，解码后的字符串为 escape() 函数编码前的原始字符内容。接下来逐一进行介绍。

1. escape() 函数

调用格式：

```
_.escape(string)
```

该函数的功能是：返回一串编码后的新字符串内容。参数 string 为编码前的字符串。

在使用 escape() 函数进行编码时，被编码的字符串中的字符有的被替换成了十六进制的转义序列，有的则被替换成一些常用的 HTML 代码。

2. unescape() 函数

调用格式：

```
_.unescape(string)
```

该函数的功能是：将编码后的字符串进行解码，返回字符串编码前的原始内容。参数 string 为已编码的字符串。示例如下。

```
var stresc = _.escape("email/163'tao'<guo>&rong- _ . ! ~ * ");
var strunesc = _.unescape(stresc);
console.log("编码后: " + stresc);
console.log("编码前: " + strunesc);
```

在上述代码中，使用 escape() 函数对一串特殊的字符串内容进行编码，并将编码后的新字符串内容赋值给变量"stresc"；然后对已编码字符串调用 unescape() 函数进行解码，并将解码后的原始字符串内容赋值给变量"strunesc"；最后，通过浏览器的控制台输出这两个变量的值。最终在 Chrome 浏览器的控制台输出的效果如图 2-29 所示。

图 2-29　escape() 和 unescape() 函数使用方法

从图 2-29 中可以看出，escape() 函数在编码时不会对 ASCII 字母和数字以及"- _.! ~ *"等特殊字符进行编码，它们只是原样输出，除此之外的字符将被转义字符所替代。

2.6.3　template() 函数

在 Underscore 库中，template() 是一个十分重要的函数，这个轻量级的函数可以帮助开发人员有效地组织页面的结构和底层逻辑。该函数可以解析 3 种模板标签，分别如表 2-2 所示。

表 2-2 template() 函数模板标签

模板标签	功能描述
<% %>	标签中包含的通常是 JavaScript 代码，在页面渲染数据时被执行
<%= %>	标签中包含的通常是变量名、函数名、对象属性，执行时直接展现调用后的数据
<%- %>	标签在输出数据时，能将 HTML 标记转成常用字符串形成，以避免代码的攻击

template() 函数的调用格式如下。

```
_.template(templateString, [data], [settings])
```

其中，参数 templateString 就是模板标签，可选参数 data 为渲染标签的数据，可选参数 settings 为自定义模板标签的字符格式，比如可以将 <% %> 修改为 {% %} 格式，接下来通过简单的示例逐一进行介绍。

1. <% %> 模板标签

<% %> 在 template() 函数中使用时，在它包含处可以执行任意的 JavaScript 代码，同时允许在调用 template() 函数时使用对象属性的方式传递参数值。示例如下。

```
var tpl = _.template("<%console.log(str)%>");
tpl({ str: '姓名：陶国荣' });
```

在上述代码中，首先使用 <% %> 模板标签调用 template() 函数。在标签中，将通过控制台输出指定的任意字符，然后执行 tpl 函数，执行时使用对象属性的方式向标签中的形参变量赋值。最终在 Chrome 浏览器的控制台输出的效果如图 2-30 所示。

图 2-30 template 函数 <% %> 模板标签使用方法

2. <%= %> 模板标签

与 <% %> 模板标签不同，<%= %> 模板标签可以直接显示变量或函数的结果。它的功能是输出数据，而不是执行。因此，如果想使用 <%= %> 模板标签实现与图 2-30 同样的效果，代码修改如下。

```
var tpl = _.template("<%=str%>");
console.log(tpl({ str: '姓名：陶国荣' }));
```

上述代码中的 tpl 函数可以显示传入的任意字符内容，当在控制台输出该函数时，其实现的页面效果与图 2-30 完全一致。

3. <%- %> 模板标签

<%- %> 与 <%= %> 模板标签的功能基本相同，不同之处在于，<%- %> 模板标签不仅可以输出变量或函数的结果，而且可以将结果中的 HTML 代码转成字符形式，以避免代码受到攻击。如果希望只返回字符串，使用 <%- %> 模板标签是一个不错的选择。示例如下。

```
var tpl = _.template("<%-str%>");
console.log(tpl({ str: "姓 /'名'&:<陶>国荣" }));
```

在上述代码的输出结果中，添加一些任意的 HTML 格式代码，而当使用 <%- %> 模板标签输出这些内容时，其中的 HTML 代码会转成转义字符。它的转换标准与前面介绍的 escape() 函数一样，只是针对部分 HTML 代码进行替换，并不是全部。最终在 Chrome 浏览器的控制台输出的效果如图 2-31 所示。

图 2-31 template() 函数 <%- %> 模板标签使用方法

示例 2-1 <script> 模板标签的使用

与上述三种模板标签都不相同，<script> 模板标签是在 HTML 页面中进行声明的，声明的标志是将该标签的 type 属性值设置为 "text/template"，即表示这是一个模板标签。在模板标签中，还可以添加 <% %> 和 <%= %> 标签来组织和布局页面的结构，然后调用 template() 函数，通过 ID 号绑定 <script> 模板标签，并将可选参数 data 的内容渲染到模板标签中对应的对象属性中，从而实现根据模板绑定数据的页面效果。接下来通过一个示例进行详细介绍。

1. 功能描述

在页面中，首先使用 <script> 标签的方式自定义模板；然后创建一个数据源，调用 template() 函数解析模板，并将数据源填充至模板中并返回填充后的模板内容；最后将填充后的模板内容追加到页面的渲染元素内，从而最终实现根据自定义模板展示数据的功能。

2. 实现代码

新建一个 HTML 文件 tpl.html，加入如代码清单 2-1 所示的代码。

代码清单 2-1 template 自定义模板

```
<!DOCTYPE html PUBLIC "-//W3C//DTD XHTML 1.0 Transitional//EN"
"http://www.w3.org/TR/xhtml1/DTD/xhtml1-transitional.dtd">
<html xmlns="http://www.w3.org/1999/xhtml">
<head>
    <title>template 自定义模板 </title>
    <script src="Js/jquery-1.8.2.min.js"
            type="text/javascript"></script>
    <script src="Js/underscore-min.js"
            type="text/javascript"></script>
    <style type="text/css">
        body{ font-size:13px;}
        ul{ list-style-type:none;
            padding:0px;margin:0px;width:360px }
        li:first-child span{ float:left;
            border-bottom:solid 1px #ccc;background-color:#eee;
            font-weight:bold }
        ul li span{ width:80px;text-align:left;float:left;
            padding:0px 5px;border-bottom:dashed 1px #ccc;
```

```
                    line-height:28px;}
        </style>
</head>
<body>
<script type="text/template" id="tpl">
        <%   var intSumScore=0,intAveScore=0;
             for(var i = 0; i < list.length; i++) { %>
             <% var item = list[i] %>
             <li>
                  <span><%=item.StuId%></span>
                  <span><%=item.Name%></span>
                  <span><%=item.Sex%></span>
                  <span><%=item.Score%></span>
             </li>
             <%
             intSumScore+=parseInt(item.Score)
             intAveScore=intSumScore/list.length;
             } %>
             <li>
                  <span> 平均分: </span>
                  <span><%=intAveScore%></span>
                  <span> 总分: </span>
                  <span><%=intSumScore%></span>
             </li>
</script>
<ul id="element">
        <li>
             <span> 学号 </span>
             <span> 姓名 </span>
             <span> 性别 </span>
             <span> 总分 </span>
        </li>
</ul>
<script type="text/javascript">
        var ele = $('#element'),
             tpl = $('#tpl').html();
        var data = {
             list: [
                  { StuId: 's0101', Name: ' 刘小明 ',
                    Sex: ' 男 ', Score: '345' },
                  { StuId: 's0102', Name: ' 李清燕 ',
                    Sex: ' 女 ', Score: '445' },
                  { StuId: 's0103', Name: ' 张二保 ',
                    Sex: ' 男 ', Score: '355' },
                  { StuId: 's0104', Name: ' 陈明基 ',
                    Sex: ' 男 ', Score: '564' },
                  { StuId: 's0105', Name: ' 舒明珠 ',
                    Sex: ' 女 ', Score: '543' }
             ]
        }
        var html = _.template(tpl, data);
        ele.append(html);
</script>
</body>
</html>
```

3. 页面效果

执行代码后的效果如图 2-32 所示。

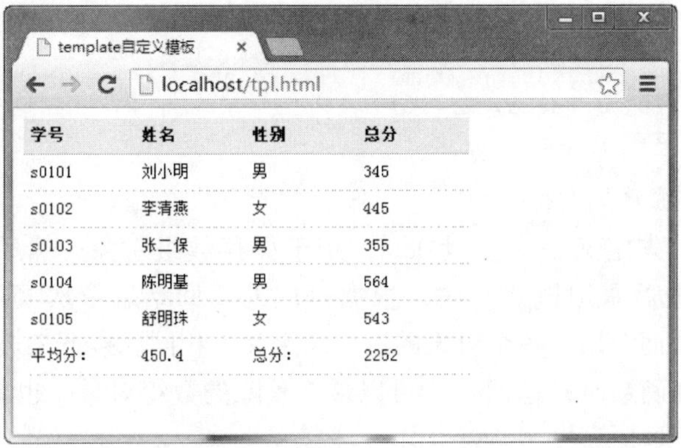

图 2-32 template 自定义模板

4. 源码分析

HTML 页面代码由三部分组成：第一部分是 <script> 元素的模板标签，第二部分是页面中用于渲染填充数据的元素，第三部分是编写 JavaScript 代码、创建数据、绑定模板、渲染数据。接下来我们逐一进行介绍。

1）在 <script> 元素的模板标签中，分别使用 <% %>、<%= %> 标签来执行代码和显示数据，在执行代码时，先定义了两个变量，用于保存数据中的总分数和平均分数值，然后使用 for 语句遍历填充数据的数组对象 list。在遍历过程中，使用 <%= %> 标签直接显示对象中的各项元素，同时计算总分数和平均分数值，最后将获取的这两项数值使用 <%= %> 标签的方式直接显示在 <span> 元素中。

2）在页面渲染元素 ID 号为 "element" 的 <ul> 元素中，先添加一个 <li> 元素，用于填充数据的标题部分，全部的填充数据通过追加的方式添加至该元素中。

3）在页面的 JavaScript 代码部分，首先定义两个变量 ele 和 tpl，分别用于保存页面的渲染元素和模板内容；然后创建一个数据对象 data，这个对象也可以通过请求服务端的数据接口进行返回；调用 template() 函数解析模板，并将创建的数据对象填充至模板中，同时，执行该函数后，返回一个数据填充至模板后的内容；最后，通过 append() 方法将该内容追加到页面的渲染元素中，最终实现通过 template() 函数绑定并显示的页面效果。

2.6.4 chain() 函数

在 Underscore 库中，有一个作用与 jQuery 中链式写法相似的函数，它就是 chain()，调用该函数后，可以在代码中采用链式写法，逐层获取返回值。其调用格式如下。

```
_.chain(obj)
```

该函数的功能是：返回一个包装后的对象，当再次调用该对象的方法时，将继续返回该对象的另外属性值，即可以逐层返回一个对象的多个属性值。参数 obj 可以是一个数组、集合、对象。示例如下。

```
var data = [1, 2, 3, 4, 5, 6, 7, 8, 9, 10];
var find = _.chain(data)
            .filter(function (num) { return num % 2 == 0; })
            .without(data, 2, 10)
            .last()
            .value();
console.log(" 最终值为: " + find);
```

在上述代码中，先定义一个变量 data，用于保存数组对象；然后调用 chain() 函数包装这个数组对象；最后采用链式写法，根据每次的返回结果依次调用 filter()、without()、last()、value() 函数，而调用时各个对象的返回结果又不相同。接下来进行逐步分析。

❑ 当调用 filter() 函数时，返回一个可以被 2 整除的数组对象，也就是原始 data 数组中的偶数部分，即 [2, 4, 6, 8, 10]。

❑ 当调用 without() 函数时，将在返回的偶数数组中，返回一个元素值除 2 和 10 之外的数组，即 [4, 6, 8]。

❑ 当调用 last () 函数时，将返回最新数组对象中的最后一个元素项，即 [8]。

❑ 当调用 value() 函数时，将直接返回数组的元素值，即 8。

因此，当通过 console.log 方法在控制台输出变量 find 内容时，其显示内容为 8。最终在 Chrome 浏览器的控制台输出的效果如图 2-33 所示。

图 2-33　chain() 函数使用方法

🖐 说明

在上述代码中 value() 也是一个很实用的函数，它的功能是获取包装对象的值，其调用格式如下：

```
_(obj).value()
```

在上述调用格式代码中，参数 obj 可以是任意的对象，包括集合、数组等。

2.7　本章小结

Underscore 库是 Backbone 的唯一依赖库，也是更好地学习 Backbone 的根基。本章从五方面对 Underscore 库中处理集合、数组、函数、对象、功能各个类型的主要函数的使用方法进行了详尽的介绍，旨在使读者进一步了解 Underscore 的内部函数结构和运用原理，为正式学习 Backbone 打下扎实的理论基础。

第 3 章

事件管理

事件模块 Backbone.Events 在 Backbone 中占有十分重要的地位，其他模块 Model、Collection、View 所有事件模块都依赖于它。通过继承 Events 的方法来实现事件的管理，可以说，它是 Backbone 的核心组成部分，因此，对它的学习和掌握也显得尤为重要。本章将从最基础的事件讲起，详细介绍 Backbone 中事件的工作原理和内部结构。

3.1 Backbone.Events 模块 API 结构

模块 Backbone.Events 的事件管理是通过 Backbone 提供的 Events API 来实现的，该 API 在 1.0 版本之前仅仅提供了几个基本的方法，如 on、off、trigger、once 分别执行对事件的绑定、解除绑定、执行事件、执行一次事件的操作。从 1.0 版本以后，又添加了几个实用方法，如 listenTo、listenToOnce、stopListening，分别执行添加一个事件的侦察对象、添加一个仅执行一次的事件侦察对象和移除已添加的事件侦察对象，其完整的结构如图 3-1 所示。

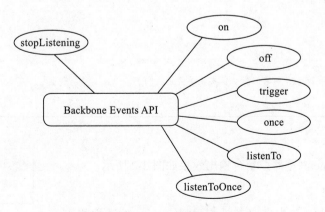

图 3-1　Backbone.Events 模块 API 结构

3.2 基本事件方法

在 Backbone 框架 1.0 版本之前，Backbone 事件 API 中就有 on、off、once、trigger 方法，这些属于基本的事件方法。

3.2.1 绑定 on 方法

使用 on 方法可以给一个对象的自定义事件绑定触发该事件时执行的函数，当自定义的事件触发时，绑定的函数将会被执行。其调用格式如下所示。

```
Obj.on(eventName,function,[context])
```

其中，参数 Obj 表示对象本身；eventName 表示自定义的事件名；function 表示当事件触发时，被执行的函数；可选参数 context 表示上下文对象，用于对象级事件的监听，即当一个对象需要监听另一对象的事件时，可以使用该参数。

使用 on 方法不仅可以绑定用户的自定义事件，可以直接监听对象自带的一些事件，接下来通过简单示例来进一步了解该方法的使用过程。

示例 3-1 使用 on 方法监听默认事件

1. 功能描述

构建一个名为 "person" 的模型类，在构建时，通过 defaults 设置对象的默认属性名称，使用 on 方法绑定对象默认属性的 change 事件。当重置对象默认属性值时触发该事件，并在浏览器的控制台中输出 "对象的默认值发生了变化。" 的字样。

2. 实现代码

在页面的 <script> 元素中，加入如代码清单 3-1 所示的代码。

代码清单 3-1　监听默认事件

```
var person = Backbone.Model.extend({
    defaults: {
        name: "",
        sex: ""
    }
});
var man = new person();
man.on("change", function () {
    console.log("对象的默认值发生了变化。");
});
man.set("name:", "陶国荣");
```

3. 页面效果

最终在 Chrome 浏览器控制台输出效果如图 3-2 所示。

4. 源码分析

在上述代码中，首先定义一个名称为 person 的数据模型

图 3-2　绑定对象的默认事件

类。在定义时，通过 defaults 方法设置两个名称为"name"和"sex"的默认数据项，并将它们的值设置空。

　　然后，实例化一个名为 men 的模型类对象，并使用 on 方法向该对象绑定触发 change 事件时执行的函数。在该函数中，将在浏览器的控制台输出"对象的默认值发生了变化。"字样，即只要对象的属性值发生了变化，将会触发 change 事件，便执行事件绑定的函数。

　　最后，使用对象的 set 方法，重置一个 name 属性值，一旦修改对象的属性值，将会触发绑定的 change 事件。因此，当执行重置属性值代码之后，将会在浏览器的控制台输出通知文字。

提示

　　在上述示例代码中，涉及数据模型的定义、实例化和修改对象属性值的操作，关于数据模型这一重要概念，将会在后续的章节中有专门的详细介绍。

示例 3-2　使用 on 方法监听属性事件

　　在使用 on 方法监听对象的 change 事件时，还可以监听到某个属性值的变化事件，即属性事件。其调用格式如下。

```
Obj.on(eventName:attrName,function(model,value))
```

　　其中，参数 attrName 表示对象中的属性名称；冒号（：）是过滤符，表示它是一个只针对某属性值变化时触发的事件。在触发事件后的回调函数中，参数 model 是当前的数据模型对象，value 表示名为 attrName 的属性修改后的值。接下通过简单的代码来说明属性事件触发的过程。

1. 功能描述

　　在示例 3-1 的基础之上，使用 on 方法绑定对象中 sex 属性的 change 事件，当 sex 属性值发生变化时触发该事件，并在浏览器的控制台中输出变化后的最新值。

2. 实现代码

　　在页面的 <script> 元素中，加入如代码清单 3-2 所示的代码。

代码清单 3-2　监听属性事件

```
var person = Backbone.Model.extend({
    defaults: {
        name: "",
        sex: "女"
    }
});
var man = new person();
man.on("change", function () {
    console.log("对象的默认值发生了变化。");
});
man.on("change:sex", function (model, value) {
```

```
        console.log("您修改了性别属性值, 最新值是: " + value);
    });
    man.set("sex", "男");
```

3. 页面效果

最终在 Chrome 浏览器控制台输出效果如图 3-3 所示。

4. 源码分析

在上述代码中, 分别给对象 man 绑定了两个事件, 一个是默认事件 change, 另一个是属性事件 change:sex, 即 sex 属性变化事件。在属性变化事件的回调函数中, 通过回传的 value 参数获取最新修改后的属性值, 并显示在浏览器的控制台中。

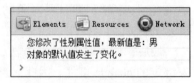

图 3-3　绑定对象的属性事件

最后执行对象的 set 方法时, 在 Backbone 内部会对已变化的值进行检测, 当属性值与上次的值不同时, 将会触发设置的属性事件和默认的 change 事件。

🎯 注意

从图 3-3 中可以看出, 当修改对象的某个属性值时, 其事件触发的顺序是: 先触发属性事件, 然后才触发默认的 change 事件, 这一点需要注意。

示例 3-3　使用 on 方法获取属性修改前的值

在使用 on 方法绑定 change 和 change 属性事件时, 还可以通过回调函数中的 model 对象获取属性修改前的所有值, 获取方法如下代码所示。

```
model.previous("attrName")
model.previousAttributes()
```

在上述代码中, previous() 方法是获取对象中某个属性的原有值, previousAttributes() 方法则返回一个对象, 对象中包含上一个保存状态中所有属性的原有值。这两个方法只用于模型对象的 change, 和 change 属性事件中获取上一个保存状态的属性值。接下来通过一个简单的示例来演示这两个方法的使用过程。

1. 功能描述

分别绑定 "分数"、"年龄" 属性的 change 事件。在事件中, 分别将属性重置前后的值进行对比, 并根据对比值的不同在浏览器的控制台中分别输出不同的内容。

2. 实现代码

在页面的 <script> 元素中, 加入如代码清单 3-3 所示的代码。

代码清单 3-3　获取属性修改前的值

```
var person = Backbone.Model.extend({
    defaults: {
        name: "",
        sex: "女",
        age: 32,
```

```
            score:120
        }
    });
var man = new person();
man.on("change:score", function (model, value) {
    var oldscore = model.previous("score");
    if (value > oldscore)
     console.log("您比上次进步了" + (value - oldscore) + "分");
    else if (value < oldscore)
     console.log("您比上次落后了" + (oldscore - value) + "分");
    else
     console.log("您的成绩没有变化");
});
 man.on("change:age", function (model, value) {
    var objAttr = model.previousAttributes();
    var oldage = objAttr.age;
    if (value > oldage)
     console.log("您又年长了" + (value - oldage) + "岁");
    else if (value < oldage)
     console.log("您又年轻了" + (oldage - value) + "岁");
    else
     console.log("您的年龄没有变化");
});
 man.set({ "age": 36, "score": 200 });
```

3. 页面效果

最终在 Chrome 浏览器控制台输出效果如图 3-4 所示。

4. 源码分析

在上述代码中，通过使用 on 方法分别绑定对象 man 的
change:score 和 change:age 两个属性事件。

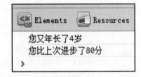

图 3-4 获取属性修改前的值

在第一个属性事件 change:score 中，通过回调函数中
model 模型对象的 previous() 方法，获取上一次保存的 score 属性值，并保存至变量 oldscore
中；将 oldscore 变量与最新修改的 score 属性值 value 进行比较，根据比较的结果，在浏览
器的控制台中输出不同的文字内容。

在第二个属性事件 change:age 中，通过回调函数中 model 模型对象的 previousAttributes()
方法，获取上一次保存结果的对象，并将该对象保存至变量 objAttr 中；再通过访问对象变量
objAttr 属性的方式，获取上一次保存的 age 属性值，并保存至变量 oldage 中。接下来的代码
功能与 change:score 属性事件相同，不再赘述。

绑定两个属性事件之后，通过调用 man 对象的 set 方法，重置了 age、score 两个属性值，
导致了这两个事件的触发。

从图 3-4 中可以看出，默认 age 属性值为 32，而重置时的属性值为 36，它们之间相差 4
岁，所以在浏览器的控制台中显示"您又年长了 4 岁"。score 属性与 age 属性事件过程基本
一样，不再赘述。

示例 3-4 使用 on 方法绑定多个事件

在 Backbone 中，除了使用 on 方法绑定单个对象的事件，还可以使用该方法同时绑定多个对象的事件。绑定的格式有两种，第一种为各个事件使用空格隔开，格式如下。

```
Obj.on(eventName1 eventName2,function)
```

其中，使用空格隔开的参数 eventName1 和 eventName2 表示被绑定的多个事件名称，function 表示所有被绑定事件都要执行的自定义函数。接下来通过一个简单的示例来说明如何使用 on 方法绑定多个事件。

1. 功能描述

使用模型对象的 on 方法，同时绑定 score、age 属性的 change 事件，在该事件中，分别获取重置时的原值与重置后的新值，并将它们输出至浏览器的控制台中。

2. 实现代码

在页面的 <script> 元素中，加入如代码清单 3-4 所示的代码。

代码清单 3-4 绑定多个事件

```javascript
var person = Backbone.Model.extend({
    defaults: {
        name: "",
        sex: "女",
        age: 32,
        score: 120
    }
});
var man = new person();
man.on("change:score change:age", function (model, value) {
    var oldage = model.previous("age");
    var newage = model.get("age");
    if (oldage != newage) {
        console.log("age原值:" + oldage + ",新值:" + newage);
    }
    var oldscore = model.previous("score");
    var newscore = model.get("score");
    if (oldscore != newscore) {
        console.log("score原值:" + oldscore + ",新值:" + newscore);
    }
});
man.set("age", 36);
man.set("score", 200);
```

3. 页面效果

最终在 Chrome 浏览器控制台输出效果如图 3-5 所示。

4. 源码分析

在上述代码中，使用 on 方法分别绑定了对象 man 的两个属性事件 change:score 和 change:age，在绑定事件执行的函数中，首先

图 3-5 绑定多个事件

通过模型对象的 previous 和 get 方法获取属性修改前后的值，然后通过比较这两个属性值是否发现了变化，如果发生了变化，则在浏览器的控制台中输出该属性的原值和新值。最后，通过调用 man 对象的 set 方法重置 age 和 score 属性值。

从图 3-5 中，可以看出由于是按照先后顺序对 man 对象的属性值进行重置，因此，在控制台显示时，也是按照该顺序进行显示的，如果不是按照先后顺序，而时同时对两个属性值进行重置，重置属性值代码修改如下。

```
man.set({ "age": 36, "score": 200 });
```

执行上述重置属性值时，将会在控制台输出两次一样的结果，最终在 Chrome 浏览器控制台输出效果如图 3-6 所示。

图 3-6 中重复输出的原因在于，同时重置属性值，导致在两个属性事件分别触发的过程中，这两个属性的原值与新值都是不相同的，因此符合输出显示的条件。因为绑定两个事件，所以出现了两次重复的输出。

图 3-6 绑定多个事件重复输出

在使用 on 方法绑定事件中，有两种格式可以绑定多个事件，除第一种使用空格之外，第二种方法为使用对象方式绑定多个事件，格式如下。

```
var ObjEvent={
eventName1: function1,
eventName2: function2
...
}
Obj.on(ObjEevnt)
```

上述代码中，首先定义一个哈希对象 ObjEvent，并以 key/value 的方式向该对象批量添加各个事件名称和执行事件的函数，即参数 eventName1 和 function1；然后通过使用 on 方法绑定该哈希对象即可。

接下来将第一种使用空格方式绑定多个事件的代码修改成使用哈希对象绑定多个事件的功能，修改代码如下所示。

```
var person = Backbone.Model.extend({
    defaults: {
        name: "",
        sex: "女",
        age: 32,
        score: 120
    }
});
var man = new person();
var objEvent = {
        "change:score": score_change,
        "change:age": age_change
}
man.on(objEvent);
function score_change(model, value) {
    var oldscore = model.previous("score");
```

```
        var newscore = model.get("score");
        if (oldscore != newscore) {
            console.log("score 原值:" + oldscore + ",新值:" + newscore);
        }
    }
    function age_change(model, value) {
        var oldage = model.previous("age");
        var newage = model.get("age");
        if (oldage != newage) {
            console.log("age 原值:" + oldage + ",新值:" + newage);
        }
    }
    man.set({ "age": 36, "score": 200 });
```

在上述代码中，首先定义一个哈希型对象 objEvent，在该对象中批量添加了模型对象 man 的两个属性事件 change:score 和 change:age，并指定这两个属性事件执行的自定义函数分别为 score_change 和 age_change，代码如下所示。

```
...
var objEvent = {
        "change:score": score_change,
        "change:age": age_change
}
...
```

然后，调用模型对象 man 的 on 方法绑定哈希型对象 objEvent，从而完成对象多事件的绑定。最后，调用模型对象 man 的 set 方法重置对象的 age 和 score 两个属性值，导致对应绑定属性事件的触发，其最终在 Chrome 浏览器中执行的结果与图 3-5 完全一致。

👆提示

　　虽然使用上述两种方式都可以绑定对象的多个事件，但这两种方式也各具特点。在使用空格方式绑定多个事件时，需要考虑事件执行时的顺序，有重复执行的可能性，因此适合多个事件执行一个函数的场景；而使用哈希型对象的方式绑定多个事件时，每个事件所执行的函数都是一一对应的关系，代码结构非常清晰，因此适合不同事件执行不同函数的需求。

3.2.2　绑定一次 once 方法

　　在 Backbone 中，除使用 on 方法可以绑定对象的事件之外，还可以使用 once 方法完成对象事件的绑定，只不过 once 方法绑定的事件只执行一次，之后即使触发也不执行。其调用的格式如下。

```
Obj.once(eventName,function,[context])
```

　　其中，参数 Obj 表示对象本身，eventName 表示自定义的事件名，function 表示当事件触发时被执行的函数。接下来通过一个简单示例介绍它的使用方法。

示例 3-5 使用 once 方法绑定事件

1. 功能描述

先使用模型对象的 once 方法绑定 change 事件。在该事件中，通过变量累计事件执行的次数，并将该次数内容输出至浏览器的控制台中，然后调用 set 方法重置二次模型对象的属性值。

2. 实现代码

在页面的 <script> 元素中，加入如代码清单 3-5 所示的代码。

代码清单 3-5 once 方法绑定事件

```
var person = Backbone.Model.extend({
    defaults: {
        name: "",
        sex: "女",
        age: 32,
        score: 120
    }
});
var man = new person();
var intNum = 0;
man.once("change", function () {
    intNum++;
    console.log("事件触发的次数为 " + intNum);
});
man.set("age", 36);
man.set("age", 37);
```

3. 页面效果

其最终在 Chrome 浏览器控制台输出效果如图 3-7 所示。

4. 源码分析

在上述代码中，首先定义数据模型并实例化一个模型对象 man，定义一个用于记录执行次数的全局变量 intNum，该变量的

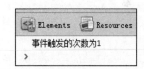

图 3-7 once 方法绑定事件

初始值为 0；然后通过 man 对象调用 once 方法，绑定对象的 change 事件。在该事件执行的函数中，先累加变量 intNum 的值，即记录该事件触发的次数，并且在控制台中输出该累加的变量 intNum 值。最后，两次调用 man 对象的 set 方法对 age 属性进行重置。

从图 3-7 中看到，虽然执行了两次的属性重置操作，但绑定的 change 事件仅显示一次，这是由于绑定事件时，使用了 once 方法，而非 on 方法，当执行 once 方法绑定对象的事件后，将会自动调用内部的 _once() 函数，仅执行一次对象绑定的事件，因此输出的执行次数为 1。针对 once 方法的这种特点，常常将该方法用于绑定对象的一些初始化事件中。

3.2.3 触发事件 trigger 方法

前面的章节介绍了如何使用 on 或 once 方法绑定对象事件的过程，而这些事件都是对象

本身自带的系统事件，如 change、change:age、change:score，它们的触发都必须满足相应的条件。例如 change 事件，当对象中的属性值发生变化时，才能触发，其实也能通过调用一个方法来手动触发某个事件，而这个方法就是 trigger。

trigger 也是 Backbone 事件 API 中的一个重要方法，它的功能是触发对象的某一个事件，调用格式如下所示。

```
Obj.trigger(eventName)
```

其中，参数 Obj 表示对象本身，eventName 表示自定义的事件名，即需要手动触发的事件名称。

使用 trigger 方法可以手动触发对象的任何事件，不仅是自带的系统事件，还可以是自定义的事件。接下来通过一个简单的示例介绍 trigger 方法的使用。

示例 3-6　使用 trigger 方法触发事件

1. 功能描述

先使用 on 方法绑定模型对象的自定事件 change_age_sex 和 age 属性的 change 事件，然后分别调用 trigger 方法手动触发绑定的事件。

2. 实现代码

在页面的 <script> 元素中，加入如代码清单 3-6 所示的代码。

代码清单 3-6　trigger 方法触发事件

```
var person = Backbone.Model.extend({
    defaults: {
        name: "",
        sex: "女",
        age: 32,
        score: 120
    }
});
var man = new person();
man.on("change_age_sex", function () {
    console.log("您手动触发了一个自定义事件");
});
man.on("change:age", function (model, value) {
    if (value != undefined)
        console.log("您修改后的年龄为" + value);
    else
        console.log("您手动触发了一个年龄修改事件");
})
man.trigger("change_age_sex");
man.trigger("change:age");
man.set("age", 37);
```

3. 页面效果

其最终在 Chrome 浏览器控制台输出效果如图 3-8 所示。

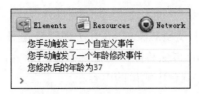

图 3-8 trigger 方法触发事件

4. 源码分析

在上述代码中，首先实例化了一个数据模型对象 man，然后通过调用 on 方法为 man 对象绑定了 change_age_sex 自定义事件和 change:age 系统自带事件。在 change_age_sex 自定义事件中，将通过浏览器的控制台输出一段说明文字；而在系统自带的 change:age 事件中，将根据回调参数 value 的值来判断事件是否手动执行还是自动触发。如果是手动执行，在控制台中输出一段说明文字，否则输出修改后的 age 属性值。最后，分两次调用 man 对象的 trigger 方法手动触发自定义事件 change_age_sex 和系统自带事件 change:age，同时使用 set 方法重置 man 对象的 age 属性值，导致 change:age 的自动触发。

从图 3-8 中看到，使用 trigger 方法手动触发 change_age_sex 事件时，在浏览器的控制台输出对应的说明文字。同样，在手动触发 change:age 事件时，在执行事件的代码中已通过回调参数 value 值检测出是手动触发，因此只在浏览器的控制台输出对应的说明文字。然而，第三次通过 set 方法自动触 change:age 事件时，在浏览器的控制台中则输出了修改后的 age 属性值 37。

提示

不难看出，trigger 方法的功能就是手动执行对象绑定的事件，类似于自定义一个函数后，调用该函数名。因此，调用该方法就是执行事件，不论该事件是自定义的还是系统自带的。

3.2.4 移除事件 off 方法

在 Backbone 中，与绑定事件的 on 方法相对的是移除事件的 off 方法，该方法的功能是移除对象中已绑定的某个、多个或全部的事件。其调用格式如下。

```
Obj.off(eventName,function,[context])
```

其中，参数 eventName 表示被移除的绑定事件名称，该名称可以是单个也可以是多个，如果要移除多个事件，则用空格将事件名称隔开。除移除对象绑定的事件之外，还可以移除事件执行的函数，即通过参数 function 来表示被移除的事件函数名。另外，如果在调用 off 方法时不带任何参数，表示移除对象的全部绑定事件。接下来通过简单示例逐一进行介绍。

示例 3-7 使用 off 方法移除对象的某个或多个绑定事件

在 Backbone 中，如果要移除对象的某个绑定事件，可以调用对象的 off 方法，指定需要移除的事件名称；如果有多个事件名称，则用空格隔开。

1. 功能描述

先自定义两个函数，用于模型对象的 on 方法绑定自定义事件时调用。先使用 on 方法绑定自定义的事件，又调用 off 方法移除已绑定的事件。最后，使用 trigger 方法手动触发事件，观察事件触发时浏览器控制台中输出的内容。

2. 实现代码

在页面的 <script> 元素中，加入如代码清单 3-7 所示的代码。

代码清单 3-7　移除对象的某个或多个绑定事件

```
var person = Backbone.Model.extend({
    defaults: {
        name: "",
        sex: "女",
        age: 32,
        score: 120
    }
});
var man = new person();
var m=0, n=0;
var callback_a = function () {
    m++;
    console.log("您执行 a 事件的次数为 " + m);
}
var callback_b = function () {
    n++;
    console.log("您执行 b 事件的次数为 " + n);
}
man.on("event_a", callback_a);
man.on("event_b", callback_b);
man.off("event_a");
man.trigger('event_a event_b');
man.off("event_a event_b");
man.trigger('event_a event_b');
```

3. 页面效果

其最终在 Chrome 浏览器控制台输出效果如图 3-9 所示。

4. 源码分析

在上述代码中，实例化一个 man 对象之后，首先定义两个变量 m、n，分别用于记录执行不同事件的次数。其次自定义两个事件执行函数 callback_a 和 callback_b。在这两个函数中，分别对 m、n 的值进行累加，并在浏览器的控制台中输出事件的名称和累加后的值。

图 3-9　off 方法移除某个或多个绑定事件

最后，两次使用对象的 on 方法分别绑定 event_a 和 event_b 事件，并首次调用对象的 off 方法移除绑定的 event_a 事件。接下来，首次调用对象的 trigger 方法触发 event_a 和 event_b 事件，当完成 trigger 方法调用后，再次调用对象的 off 方法移除绑定的 event_a 和 event_b 事件。此时，对象 man 所绑定的两个事件已全部移去。

从图 3-9 中看到，虽然在代码中使用 on 方法绑定了 event_a 和 event_b 两个自定义的事件，但是在第一次触发这两个事件之前，先通过 off 方法移除了 event_a 事件。因此，在第一次触发已绑定的两个事件时，实际上仅有 event_b 事件被执行。

在第二次调用 trigger 方法再次触发这两个事件之前，又通过 off 方法移除了 event_a 和 event_b 事件，因此，在第二次触发两个事件时，已没有任何事件被执行，最终只有 event_b 事件被执行一次，如图 3-9 所示。

示例 3-8　使用 off 方法移除绑定事件的某个函数

在 Backbone 中，不仅可以调用对象的 off 方法移除已绑定的一个或多个事件，还可以移除绑定事件执行的某个函数。

1. 功能描述

在示例 3-7 的基础之上，使用 off 方法移除已绑定的某个函数，并观察在触发绑定事件时浏览器的控制台中输出的内容。

2. 实现代码

在页面的 <script> 元素中，加入如代码清单 3-8 所示的代码。

代码清单 3-8　移除绑定事件的某个函数

```
var person = Backbone.Model.extend({
    defaults: {
        name: "",
        sex: "女",
        age: 32,
        score: 120
    }
});
var man = new person();
var m=0, n=0;
var callback_a = function () {
    m++;
    console.log("您执行 a 事件的次数为 " + m);
}
var callback_b = function () {
    n++;
    console.log("您执行 b 事件的次数为 " + n);
}
man.on("event_a", callback_a);
man.on("event_b", callback_b);
man.off("event_a", callback_a);
man.trigger('event_a event_b');
man.off("event_b", callback_b);
man.trigger('event_a event_b');
```

3. 源码分析

上述代码最终在 Chrome 浏览器控制台输出效果与图 3-9 完全一样，其主要原因在于，在第一次使用 trigger 方法触发两个自定义的事件之前，通过 off 方法移除了 event_a 事件所执行的自定义函数 callback_a。因此，第一次触发两个事件时，只有自定义函数 callback_b 被执行。

而在第二次使用 trigger 方法触发两个自定义的事件之前，又通过 off 方法移除了 event_b 事件所执行的自定义函数 callback_b。因此第二次触两个事件时，没有任何自定义的函数被执行，所以，其最终在 Chrome 浏览器控制台输出效果与图 3-9 完全一样。

示例 3-9　使用 off 方法移除对象的全部绑定事件

在 Backbone 中，对象的 off 方法除了可以移除某个或多个事件、事件执行的函数外，还可以通过不带参数的方式移除全部已绑定的事件，调用格式如下所示。

```
Obj.off()
```

接下来，在示例 3-7 的基础上对最后的 6 行代码进行修改，用于演示使用 off 方法移除全部绑定事件的过程。

1. 功能描述

在示例 3-7 的基础之上，先调用 off 方法移除全部已绑定的事件，然后调用 trigger 方法手动触发这些事件，观察浏览器控制台中内容输出的变化。

2. 实现代码

修改代码如代码清单 3-9 所示。

代码清单 3-9　使用 off 方法移除对象的全部绑定事件

```
var person = Backbone.Model.extend({
    defaults: {
        name: "",
        sex: "女",
        age: 32,
        score: 120
    }
});
var man = new person();
var m=0, n=0;
var callback_a = function () {
    m++;
    console.log("您执行 a 事件的次数为 " + m);
}
var callback_b = function () {
    n++;
    console.log("您执行 b 事件的次数为 " + n);
}
man.on("event_a", callback_a);
man.on("event_b", callback_b);
man.off();
man.trigger('event_a event_b');
```

3. 源码分析

执行修改的代码后，在 Chrome 浏览器控制台中不会输出任何结果信息。这是因为虽然使用对象的 on 方法绑定 event_a 和 event_b 这两个事件，但在触发这两个绑定的事件之前，使用无参数的方式调用了对象的 off 方法，将对象全部绑定的事件移除。因此，在执行时不会触发任何事件，所以在 Chrome 浏览器控制台中没有任何信息输出。

3.3 新增事件方法

上一节详细介绍了 Backbone 事件 API 中的 on、off、once、trigger 方法的使用过程，这些方法在 Backbone 框架 1.0 版本之前就已经存在，属于基本的事件方法。而在 1.0 版本正式发布时，又新增加了几个事件的方法，如 listenTo（监听）、listenToOnce（监听一次）和 stopListening(停止监听) 等监听方法的引入，极大地丰富了 Backbone 中事件 API 的方法调用，最大限度地满足了不同应用场景的使用需求，接下来将逐一对它们的应用进行详细介绍。

3.3.1 监听事件 listenTo 方法

Backbone 的 1.0 版本中提供了监听方法，在前面章节中提到的 on 等事件绑定方法，其实也是监听方法的一种，只不过监听的对象不同，对象的 on 方法用于监听对象某事件的触发，即对象触发了这个事件，便执行相应的代码。

相对于对象的 on 方法而言，listenTo 方法的监听效果更为突出，它是一个对象监听另一个对象的事件，如果被监听的对象触发了被监听的事件，执行相应的回调函数或代码块。例如，view 对象要监听 mode 对象的 change 事件，如果 mode 对象触发了 change 事件，则需要刷新当前 view 对象，即执行下列监听方法的代码。

```
view.listenTo(model, 'change', view.render);
```
上述监听方法也等价于如下代码。

```
model.on('change', view.render, view);
```
其中，第三个参数为上下文环境对象，此时它的值为 view，即 model 对象在触发 change 事件时，关联 view 对象进行执行 view.render 动作。

通过上述对 listenTo 方法的简单介绍，我们知道它是一个对象级别的事件监听方法，即在执行该方法时，必须具有两个对象，其调用格式如下。

```
Obj1.listenTo(Obj2,EventName,function);
```
其中，参数 Obj1、Obj2 都为对象，参数 EventName 是 Obj2 对象触发的事件名称，参数 function 为当 Obj2 触发指定的 EventName 事件时，Obj1 所执行的自定义函数。接下来通过一个简单的示例来演示 listenTo 方法的使用。

示例 3-10　使用 listenTo 方法监听事件

1. 功能描述

先调用 listenTo 方法绑定模型对象 age 属性的 change 事件。在该事件中，将会在浏览器的控制台输出重置 age 属性时的原值与新值内容，然后调用 set 方法重置对象的 age 属性，在浏览器控制台的输出变化时的原值与新值内容。

2. 实现代码

在页面的 <script> 元素中，加入如代码清单 3-10 所示的代码。

代码清单 3-10　listenTo 方法监听事件

```
var person = Backbone.Model.extend({
    defaults: {
        name: "",
        sex: "女",
        age: 32,
        score: 120
    }
});
var man = new person();
var obj = _.extend({}, Backbone.Events);
obj.listenTo(man, "change:age", function (model, value) {
    var oldage = model.previous("age");
    var newage = model.get("age");
    if (oldage != newage) {
        console.log("age 原值:" + oldage + ",新值:" + newage);
    }
});
man.set("age", 37);
```

3. 页面效果

其最终在 Chrome 浏览器控制台输出效果如图 3-10 所示。

4. 源码分析

在上述代码中，首先实例化一个 model 对象 man 外，并
定义另一个事件对象 obj。然后调用 obj 对象的 listenTo 方

图 3-10　listenTo 方法监听事件

法，监听 man 对象的 change:age 事件。当触发该事件时，获取事件触前后的 age 属性值，并进行比较。如果发生了变化，则在浏览器的控制台输出原值和新值。最后调用 man 对象的 set 方法重置 age 属性值，用于触发 change:age 事件。

从图 3-10 中看到，在一个对象使用 listenTo 方法监听另一个对象的事件时，与对象本身调用 on 方法基本相同，同样可以通过回调函数获取 model 对象和 value 新值，并通过比较是否变化后输出在浏览器的控制台中。

3.3.2　监听一次 listenToOnce 方法

在 Backbone 中，除使用 listenTo 方法进行对象级别事件的监听外，还可以使用 listenToOnce 方法进行对象级别事件的监听。这点类似于对象的 on 方法与 once 方法。对象的 listenTo 和 listenToOnce 方法最大的不同之处在于，前者是一个对象一直监听另一个对象事件的触发，而后者是仅是监听一次。其调用格式如下所示。

```
Obj1.listenToOnce(Obj2,EventName,function);
```

其中，参数的说明与 listenTo 完全一样，不赘述。接下来通过一个简单示例来演示调用 listenToOnce 方法绑定对象的属性事件。

示例 3-11 使用 listenToOnce 方法监听事件

1. 功能描述

首先使用 listenToOnce 方法绑定对象 age 属性的 change 事件。在该事件中，累计事件执行的次数，并将该次数的内容输出至浏览器的控制台中。然后调用 set 方法两次重置 age 属性值，触发对应的 change 事件，观察浏览器控制台输出内容的变化。

2. 实现代码

在页面的 <script> 元素中，加入如代码清单 3-11 所示的代码。

代码清单 3-11　listenToOnce 方法监听事件

```
var person = Backbone.Model.extend({
    defaults: {
        name: "",
        sex: "女",
        age: 32,
        score: 120
    }
});
var man = new person();
var obj = _.extend({}, Backbone.Events);
var intNum = 0;
obj.listenToOnce(man, "change:age", function () {
    intNum++;
    console.log("事件触发的次数为 " + intNum);
});
man.set("age", 37);
man.set("age", 38);
```

3. 页面效果

其最终在 Chrome 浏览器控制台输出效果如图 3-11 所示。

4. 源码分析

在上述代码中，首先定义两个用于监听的对象 man 和 obj，同时定义了一个名为 intNum 的变量，用于记录事件触发的次数。然后，调用 obj 对象的 listenToOnce 方法监听 man 对象的 change:age

图 3-11　listenToOnce
方法监听事件

事件，当该事件触发时，intNum 变量累加一次值，并在浏览器的控制台中输出累加后变量 intNum 的值。最后，再次调用 man 对象的 set 方法，重置 man 对象的 age 属性值。

从图 3-11 中看到，虽然在代码中两次调用 man 对象执行 set 方法重置 aget 属性值，但是，在浏览器的控制台中，事件触发的次数显示为 1。这是由于 obj 对象使用了 listToOnce 方法监听 man 对象的 change:age 事件，而 listToOnce 方法的功能是只执行首次的监听操作，后续事件即使触发也不会监听，因此浏览器的控制台中显示的事件触发次数为 1。

3.3.3 停止监听 stopListening 方法

在 Backbone 中，与单个对象的 off 方法相同，对象级别的事件监听也有停止方法，即 stopListening 方法，其调用格式如下。

```
Obj1.stopListening(Obj2,EventName,function);
```

其中，参数 Obj1 和 Obj2 分别为监听发起对象和被监听对象，EventName 参数为被监听对象所触发的事件名称，如果要停止监听多个事件，可以在这个参数中使用空格号隔开。另一个参数 function 的作用是，当触发监听事件时，监听发起对象执行的自定义函数名称。在 stopListening 方法中，既可以停止被监听对象的某个或多个事件的监听，也可以通过参数 function 停止被监听对象事件触发后，发起对象执行的自定义函数。此外，如果该方法不调用任何参数，表示停止监控全部已监控的对象事件。接下来通过一个简单的示例来演示 stopListening 方法的使用。

示例 3-12　使用 stopListening 方法停止监听

1. 功能描述

首先使用 ListenTo 方法，分别绑定对象 name、age、score 属性的 change 事件，然后调用 stopListening 方法分别停止某个事件绑定的监听，最后调用 set 方法重置属性值时触发绑定的事件，观察浏览器控制台输出内容的变化。

2. 实现代码

在页面的 <script> 元素中，加入如代码清单 3-12 所示的代码。

代码清单 3-12　stopListening 方法停止监听

```
var person = Backbone.Model.extend({
    defaults: {
        name: "",
        sex: "女",
        age: 32,
        score: 120
    }
});
var man = new person();
var obj = _.extend({}, Backbone.Events);
obj.listenTo(man, "change:name", function (model, value) {
    console.log("姓名修改后的值为:" + value);
});
obj.listenTo(man, "change:age", function (model, value) {
    console.log("年龄修改后的值为:" + value);
});
obj.listenTo(man, "change:score", function (model, value) {
    console.log("分数修改后的值为:" + value);
});
// 停止监听某一个事件
obj.stopListening(man, "change:name");
man.set("name", "张三");
man.set("age", 35);
```

```
man.set("score", 600);
// 停止监听两个事件
obj.stopListening(man, "change:name change:age");
man.set("name", "李四");
man.set("age", 36);
man.set("score", 601);
// 停止监听全部事件
obj.stopListening();
man.set("name", "王二");
man.set("age", 37);
man.set("score", 602);
```

3. 页面效果

最终在 Chrome 浏览器控制台输出效果如图 3-12 所示。

4. 源码分析

图 3-12 stopListening
方法停止监听

在上述代码中，首先定义两个对象 man 和 obj，前者为被监听对象，后者为监听发起对象。然后，通过 listenTo 方法分别监听 man 对象的 change:name、change:age、change:score 事件，当这些事件被触发时，将在浏览器的控制台输出变化后的新值。最后，三次重置 man 对象的 name、age、score 属性值。在第一次重置前，调用对象的 stopListening 方法停止监听 change:name 事件；在第二次重置前，调用对象的 stopListening 方法停止监听 change:name 和 change:age 事件；在第三次重置前，调用对象的 stopListening 方法停止全部的监听事件。

从图 3-12 中看到，当第一次重置 man 对象的 name、age、score 属性值前，因为调用对象的 stopListening 方法停止监听 change:name 事件，在浏览器的控制台中显示了 age、score 修改后的值 35 和 600；而在第二次重置 man 对象的三个属性值前，因为调用对象的 stopListening 方法停止监听 change:name 和 change:age 事件，在浏览器的控制台中显示了 score 修改后的值 601；而在第三次重置 man 对象的三个属性值前，因为调用对象的 stopListening 方法停止全部的监听事件，没有在浏览器中输出任何信息。

3.4 事件其他

在 Backbone 的事件 API 中，除了上述方法之外，还有一个比较特殊的事件——all，该事件无论在对象触发任何自身事件或执行自定义函数时，都会执行。此外，在整个 Backbone 中 Events 占有非常重要的地位，它以最小化模块的方式整合到 Model、Collection、View 类中，实现可以在这些类中自定义事件的功能，接下来详细介绍这两方面的知识。

3.4.1 特殊事件 all 的使用

在 Backbone 中，all 是一个很特殊的事件，因为该事件在对象的任何事件被触发时，它都会自动触发，可以说是一个全局性的事件。此外，既然它是一个事件，也可以通过调用对象的 trigger 方法进行手动触发；在触发该事件时，还可以在回调的函数中通过 value 参数获取当前正在触发的事件名称。其调用的格式如下。

```
Obj.on("all",function);
```

其中，使用 on 方法绑定了对象的 on 事件，当该事件触发时，将执行自定义的回调函数 function。在该函数中，可以添加一个 value 参数，通过该参数获取当前正在触发事件的名称。接下来通过一个简单的示例来演示 all 事件的运用。

示例 3-13 all 事件的使用

1. 功能描述

首先使用 on 方法绑定对象 name、age 属性的 change 事件和特殊的 all 事件，在这些事件中，都会向浏览器的控制台输出不同的内容。然后，调用 set 方法重置对象的属性值，触发对应的 change 事件，观察浏览器控制台输出内容的变化。

2. 实现代码

在页面的 <script> 元素中，加入如代码清单 3-13 所示的代码。

代码清单 3-13 all 事件的使用

```
var person = Backbone.Model.extend({
    defaults: {
        name: "",
        sex: "女",
        age: 32,
        score: 120
    }
});
var man = new person();
man.on("change:age", function () {
    console.log("您触发了 change:age 事件");
});
var event_fun = function () {
console.log("您触发了 change:name 事件");
}
man.on("change:name", event_fun);
man.on("all", function (value) {
    console.log("您触发了 all 事件中" + value);
});
man.set("name", "陶国荣");
man.set("age", 35);
```

3. 页面效果

最终在 Chrome 浏览器控制台输出效果如图 3-13 所示。

4. 源码分析

在上述代码中，首先实例化一个名为 man 的数据模型对象，然后调用对象的 on 方法绑定了 change:age 和 change:name 事件，并且还绑定了 all 事件。在绑定 all 事件中，通过回调函数中的 value 参数获取正在触发的事件名称，并在浏览器的控制台中显示该事件名称；而在 change:age 和 change:name 事件中，分别在浏览器的控制台中显示相应触发事件的名称。最后，调用 man 对象的 set 方法分别重置对象自身的 name、age 属性值。

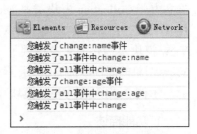

图 3-13　特殊事件 all 的使用

从图 3-13 中看到，虽然只调用 man 方法重置了两个属性，但 all 事件却被触发了 4 次，这是由于每次重置对象属性值时，不仅触发属性事件，还要触发 change 事件，这一点在前面章节介绍 change 事件时已介绍过。因此，当重置一个属性值时，实际上触发了两个事件，由于每个事件触发之后都会触发 all 事件，所以 all 事件被触发了 4 次。

从图 3-13 中还可以看出，all 事件与其他事件在触发上的顺序，都是当其他事件触发之后才触发 all 事件。如果在一个事件中绑定了多个执行的自定义函数，而绑定的 all 事件触发时的顺序也将是按照函数绑定时的顺序依次触发的。

前面也提到过，作为一个事件同样可以调用对象的 trigger 方法来触发，而它触发后输出什么内容呢？接下来，将代码清单 3-13 中的最后两句对象重置的代码修改为如下。

```
...省略部分代码
man.trigger("all");
```

执行上述代码之后，其最终在 Chrome 浏览器控制台输出效果如图 3-14 所示。

从图 3-14 中看到，如果在没有任何事件触发的前提下，调用对象的 trigger 方法手动触发 all 事件，同样也会执行两次。这是由于当调用 trigger 方法时，会调用两次 triggerEvents，一次为参数传递来的指定事件，另一次为固定的 all 事件。当没有任何事件名称传递过来时，其值为 undefined，在 Backbone 框架内部的代码中，与 all 事件相关代码如下所示。

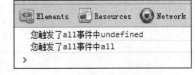

图 3-14　直接触发特殊事件 all

```
...
var events = this._events[name];
var allEvents = this._events.all;
if (events) triggerEvents(events, args);
if (allEvents) triggerEvents(allEvents, arguments);
...
```

3.4.2　事件与 Model、Collection、View 的关系

在本节的开始时，简单介绍了 EventAPI 与各个主要模块类的关系。可以说，各个主要的模块类与事件模块密不可分，在各个模块类中都可以很方便地自定义事件。例如，在

Model 模型中，可以使用 on 或 listenTo 的方法绑定对象中的系统事件或自定义事件，这个过程在上面的两个章节中均作了详细的介绍，不再赘述。

由于 Collection 模块类是 Model 与 View 模块类的中间层，也可以自定义事件，但使用比较少，在此不作阐述。在 View 模块类中，为了更好地维护 DOM 元素与事件的关系，View 模块实例化的对象提供了一套完整的事件自动绑定机制，运用这套机制，可以通过 View 对象的属性添加 DOM 元素的事件。接下来通过一个简单的示例来演示它操作的过程。

示例 3-14　在 View 模块中定义事件

1. 功能描述

在构建视图类时，定义页面中两个按钮的单击事件。单击"显示"按钮时，将在页面中展示 <div> 元素的内容，单击"隐藏"按钮时，将隐藏 <div> 元素中的内容。

2. 实现代码

新建一个 HTML 页面，并添加如代码清单 3-14 所示的代码。

代码清单 3-14　在 View 模块中定义事件

```
<!DOCTYPE html PUBLIC "-//W3C//DTD XHTML 1.0 Transitional//EN" "http://www.
w3.org/TR/xhtml1/DTD/xhtml1-transitional.dtd">
<html xmlns="http://www.w3.org/1999/xhtml">
<head>
    <title>View 模块中定义事件 </title>
    <script src="Js/jquery-1.8.2.min.js"
type="text/javascript"></script>
    <script src="Js/underscore-min.js"
type="text/javascript"></script>
    <script src="Js/backbone-min.js"
type="text/javascript"></script>
    <style type="text/css">
            body{ font-size:12px;}
    </style>
</head>
<body>
<div id="view">
    <input type="button" value=" 显示 " id="btnShow" />
    <input type="button" value=" 隐藏 " id="btnHide" />
</div>
<div id="Info">
    姓名: 陶国荣 <br />
    性别: 男 <br />
    邮箱: tao_guo_rong@163.com
</div>
</body>
<script type="text/javascript">
    var InfoView = Backbone.View.extend({
        el: '#view',
        events: {
            'click #btnShow': 'ShowInfo',
            'click #btnHide': 'HideInfo'
        },
```

```
        ShowInfo: function () {
            $("#Info").show();
        },
        HideInfo: function () {
            $("#Info").hide();
        }
    });
    var view = new InfoView();
</script>
</html>
```

3. 页面效果

在 Chrome 浏览器中浏览该页面,单击页面中的"显示"或"隐藏"按钮时,展示的页面效果如图 3-15 所示。

图 3-15　View 模块中定义事件

4. 源码分析

在构建 View 模型时,通过 events 属性的方式向模型中添加 DOM 元素的事件,events 属性表示事件列表,事件添加的格式如下。

```
EventName DOMeleName:function
```

其中,参数 EventName 表示 DOM 页面元素所要触发的事件名称,该事件名称是 DOM 元素所支持的任何事件;DOMeleName 参数表示 DOM 中的元素,可以是通过 ID 号或类别名和 jQuery 框架中的选择器获取;参数 function 表示触发事件时执行的函数名称,该函数体应在执行前已经在 View 中完成定义。

在 View 模型中完成事件属性值的设置后,View 对象将自动解析 events 属性值的设置,获取 DOM 元素,并绑定与之相对应的事件。当触发事件时,自动调用定义的方法或函数,由于这一系统的过程都是自动完成的,开发人员应更注重事件绑定的部署,而不是事件绑定的过程。

提示

通过上面的学习可以看到，EventAPI 始终存在于各个模型中，也是最终构成前端应用 MVC 结构体系的一个重要组成部分，它与各模型的关系是相互渗透、相互融合的关系。

3.5 本章小结

本章详细介绍了 Backbone 框架中非常重要的概念——事件，首先从事件的基础绑定、一次绑定、取消绑定讲起；其次介绍如何在对象级别之间监听、一次监听、取消监听各个事件；最后通过一个完整的页面示例，阐述事件与 View 模块的紧密关系。通过本章的深入学习，将对后续学习构建前端 Web 应用的 MVC 结构奠定良好的体系基础。

第 4 章

数据模型

Model 在 Backbone 中为数据模型，是一个最基础、最根本的数据基类，用于原始数据、底层方法的封装和定义。它的结构类似于关系数据库中的映射对象，可以装载数据库中的记录信息，并通过自定义的方法完成数据的操作之后，将数据同步到服务器中。正确理解和掌握 Model 的概念和使用方法，是熟练使用 Backbone 框架开发的一项重要标志。

4.1 创建数据模型

在 Backbone 中，创建数据模型的方法十分简单，只要通过 Model.extend() 方法就可以定义一个数据模型。在定义模型的过程中，还可以初始化数据、定义构造方法，当一个数据模型创建完成后，可以通过实例化的方式，产生一个个数据模型对象。这些模型对象都继承了数据模型类中的初始化数据，并且可以很方便地调用创建时设置的方法。接下来逐一进行介绍。

4.1.1 创建一个简单模型对象

当使用 Model.extend() 方法构建数据模型之后，就可以通过实例化的方式创建一个模型的对象，模型对象将自动继承模型中定义的属性和方法。

示例 4-1 创建一个简单模型对象

1. 功能描述

在构建模型类时，首先添加 initialize 函数，在该函数中，通过一个名为"intNut"的变量累计执行函数的次数，并将该次数显示在浏览器的控制台中。然后，实例化两个模型对象，在实例化过程中，将自动执行 initialize 函数，观察浏览器控制台输出内容的变化。

2. 实现代码

在页面的 <script> 元素中，加入如代码清单 4-1 所示的代码。

代码清单 4-1　创建一个简单模型对象

```
var student = Backbone.Model.extend({
    initialize: function () {
        intNum++;
        console.log("您构建了 " + intNum + " 个对象");
    }
});
var intNum = 0;
var stuA = new student();
var stuB = new student();
```

3. 页面效果

执行上述代码之后最终在 Chrome 浏览器控制台输出效果如图 4-1 所示。

4. 源码分析

在上述代码中，使用 extend 方法构建一个数据模型 student，通过 initialize 属性值定义了一个当数据模型被实例

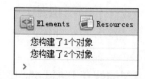

图 4-1　创建一个简单模型对象

化时执行的函数，即构造函数，它的功能是通过变量 intNum，记录构造函数执行的次数，并将结果输出到浏览的控制台中。接下来，定义并初始化变量 intNum，并以实例化的方式定义两个模型对象，分别为 stuA 和 stuB。

从图 4-1 中可以看出，每当实例化一个模型对象时，都会调用构造函数，因此记录构造函数执行次数变量 intNum 将会自动累加。在本实例中两次实例化模型对象，因此执行了两次构造函数。

4.1.2　对象模型赋值的方法

对于一个数据模型来说，赋值的方法是在定义时通过 defaults 属性设置数据模型的默认值，而对于一个已经实例化的模型对象来说，赋值的方法是通过调用对象的 set 方法，重置模型中的默认值。set 方法有两种形式。

第一种是单个设置，代码如下所示。

```
Obj.set(attrName, attrValue)
```

其中，参数 attrName 表示属性名称，attrValue 表示对应的属性值。调用上述方式一次只能设置一个属性值。

第二种形式为批量设置属性值，代码如下所示。

```
Obj.set({attrName1: attrValue1, attrName2: attrValue2, ...})
```

其中，通过 {...} 方式可以设置多个属性值，属性名称与对应值之间使用冒号（：）隔开，而属性与属性之间，则使用逗号（，）隔开。

无论使用 set 方法的何种形式赋值，当完成对象赋值操作之后，就可以通过调用对象的 get 或 escape 方法获取已设置的对象属性值，其调用格式如下。

```
Obj.get(attrName)
Obj.escape(attrName)
```

其中，参数 attrName 表示需要获取的属性名称，而 get 与 escape 方法虽然都可以获取对象的属性值。但两者间的区别在于 escape 方法不仅获取对象的属性值，而且能将属性值中包含 HTML 代码的部分进行实体化，即变成一个统一的字符串实体，这样可以有效避免代码被攻击，确保取值的安全。接下来通过一个简单的示例来演示对象赋值和取值的过程。

示例 4-2 对象模型赋值的方法

1. 功能描述

在构建模型类时，首先添加 defaults 属性设置模型对象的属性名称，然后实例化一个名为"stuA"的模型对象，并调用对象的 set 方法重置属性值，最后在浏览器的控制台中输出这些重置后的属性值内容。

2. 实现代码

在页面的 <script> 元素中，加入如代码清单 4-2 所示的代码。

代码清单 4-2   对象模型赋值的方法

```
var student = Backbone.Model.extend({
    initialize: function () {
        // 执行构造代码
    },
    defaults: {
        Code: "",
        Name: "",
        Score: ""
    }
});
var stuA = new student();
stuA.set({
    Code: "10101",
    Name: "' 陶博文 '",
    Score: "300",
    Class:" 一年级 < 二 > 班 "
});
console.log(stuA.get("Name") + " 在 " +
        stuA.get("Class") + " 读小学 ");
console.log(stuA.escape("Name") + " 在 " +
        stuA.escape("Class") + " 读小学 ");
```

3. 页面效果

最终在 Chrome 浏览器控制台输出效果如图 4-2 所示。

图 4-2   对象模型赋值的方法

4. 源码分析

在上述代码中，当构建 student 数据模型时，通过 defaults 属性设置了模型的 3 个默认属性，并将它们的属性值设为空，以方便实例化对象时重置属性值。当实例化一个模型对象 stuA 之后，通过调用对象的 set 方法，重置模型中 3 个默认属性值，并添加一个 Class 属性，同时设置属性值。最后在浏览器的控制台中调用对象的 get 和 escape 两种方法输出对象的指定属性值。

从图 4-2 中可以看出，在构建对象模型时，不仅可以通过 defaults 属性设置默认属性并赋值，还可以在调用对象的 set 方法赋值时自定义属性，如本示例的 Class 属性；另外，使用 get 和 escape 方法获取属性值时，前者原样获取，后者会将属性值中包含的 HTML 特殊字符进行编码处理后再返回，如将示例中的单引号处理成 "&#x27" 等。

4.1.3　自定义模型中的方法

在构建对象模型时，不仅可以设置模型对象的默认属性，而且还可以自定义模型对象的方法。众所周知，与设置属性相比，自定模型对象的方法通常需要实现一些相应的功能，在方法中可以使用 this 对象访问模型对象本身。

示例 4-3　自定义 PrintLog 方法

1. 功能描述

在示例 4-2 代码的基础之上，自定义一个名称为 PrintLog 的方法，然后实例化一个模型对象之后。通过对象调用该方法，在浏览器的控制台输出对象重置后的属性内容。

2. 实现代码

在页面的 <script> 元素中，加入如代码清单 4-3 所示的代码。

代码清单 4-3　自定义 PrintLog 方法

```
var student = Backbone.Model.extend({
    initialize: function () {
        // 执行构造代码
    },
    defaults: {
        Code: "",
        Name: "",
        Score: ""
    },
    PrintLog: function () {
      console.log(this.get("Name") + " 在 " +
                  this.get("Class") + " 读小学 ");
      console.log(this.escape("Name") + " 在 " +
                  this.escape("Class") + " 读小学 ");
    }
});
var stuA = new student();
stuA.set({
    Code: "10102",
```

```
        Name: "'陈小明'",
        Score: "300",
        Class: "一年级<一>班"
    });
    stuA.PrintLog();
```

3. 页面效果

最终在 Chrome 浏览器控制台输出效果如图 4-3 所示。

图 4-3　自定义模型中的方法

4. 源码分析

在上述代码中，当构建数据模型 student 时，以函数的方式自定义一个名为 PrintLog 的方法，该方法的功能是在浏览器的控制台中输出使用 get 和 escape 方法获取的对象属性值，当实例化一个模型对象 stuA，并使用 set 方法添加并重置对象属性之后，就可以像调用对象自带方法一样，调用自定义的 PrintLog 方法。

从图 4-3 中可以看出，采用调用对象的方法形式实现的效果与直接执行输出代码是完全一样的，但调用对象方法的形式使代码更加简洁、通用性好、可维护性更加。另外，需要说明的是，在自定义方法时，代码 this.get("Name") 中的 this 表示对象本身，当没有重置对象的属性值，它将获取构建模型时设置的默认属性值，否则获取重置后的对象属性值。

4.1.4　监听对象属性值变化

在第 3 章介绍事件 API 时，演示过调用 on 方法绑定对象的属性事件，其实也可以在构建数据模型时，使用 on 方法去绑定对象的属性事件，监听属性值的变化而绑定的过程代码，通常放在数据模型构造函数 initialize 中，这样，当实例化某个数据模型对象时，就自动绑定了对象的事件，一旦触发了事件，便可以执行相应的代码。

示例 4-4　监听 Name 属性值的变化

1. 功能描述

在示例 4-3 的基础之上，向数据模型构造函数 initialize 中绑定对象的一个属性事件，监听 Name 属性值的变化。

2. 实现代码

在页面的 <script> 元素中，加入如代码清单 4-4 所示的代码。

代码清单 4-4　监听 Name 属性值的变化

```
var student = Backbone.Model.extend({
```

```
initialize: function () {
    // 初始化时监听属性值变化事件
    this.on("change:Name", function () {
        var oldname = this.previous("Name");
        var newname = this.get("Name");
        if (oldname != newname) {
            console.log("Name 原值 :" + oldname + ",
                        新值 :" + newname);
        }
    });
},
defaults: {
    Code: "",
    Name: " 钟大清 ",
    Score: ""
}
});
var stuA = new student();
stuA.set("Name", " 陈小明 ");
```

3. 页面效果

最终在 Chrome 浏览器控制台输出效果如图 4-4 所示。

4. 源码分析

在上述代码中，当构建数据模型时添加了构造函数 initialize，在这个函数中使用 on 方法绑定对象属性事件

图 4-4　监听对象属性值变化

change:Name。在该事件执行的自定义函数中，分别用 oldname 和 newname 两个变量保存上一次和修改后的 Name 属性值，如果这两个值发生变化，在浏览器的控制台中输出 Name 属性的原值和新值内容。

接下来，实例化一个模型数据对象 stuA，并调用该对象的 set 方法重置了 Name 属性值，这一操作将触发已绑定的 change:Name 属性事件，并执行事件的自定义函数。

从图 4-4 中可以看出，在构造函数中，同样可以调用对象的 on 方法绑定各类事件，监听事件的触发。由于在本示例中，对象的 Name 属性默认值为 "钟大清"，而调用 set 方法重置为 "陈小明"。当触发 change:Name 事件时，Name 属性值已发生了变化，所以在浏览器的控制台输出获取的 Name 属性的原值和新值。

需要说明的是，构造函数 this.on 中的 this 表示实例化后的对象本身，而 this.previous 中的 this 虽然也表示对象本身，但如果构造函数中带有 model 和 value 两个属性事件特有的参数，则 this 可以被取代，即下面两行代码是等价的。

```
var oldname = this.previous("Name");
var newname = this.get("Name");
```

等价于：

```
var oldname = model.previous("Name");
var newname = value;
```

4.2 模型对象操作

构建一个数据模型类之后，接下来的任务就是针对模型实例化对象，并对实例化后的对象进行一系列的数据操作，如读取、（重置）修改、验证、删除对象中数据。接下来 逐一介绍这些操作实现的方法和技巧。

4.2.1 读取数据

前面章节介绍过，如果要读取一个模型对象中的数据，通常调用对象的 get 和 escape 方法，前者是直接返回对象中的数据，后者则是返回经过对对象中某些特殊字符进行编码处理的数据。接下来分别对这两种方法进行介绍。

示例 4-5 调用 get 方法获取对象指定的属性值

1. 功能描述

首先构建一个模型类，设置默认的属性名称，然后实例化一个名为"stuA"的模型对象，最后在浏览器的控制台中输出使用 get 方法获取的对象属性值。

2. 实现代码

在页面的 <script> 元素中，加入如代码清单 4-5 所示的代码。

代码清单 4-5　调用 get 方法获取对象指定的属性值

```
var student = Backbone.Model.extend({
    defaults: {
            Code: "",
            Name: "",
            Score: ""
        }
});
var stuA = new student({
        Code: "10103",
        Name: "李时华",
        Score: ""
});
console.log(" 学号:" + stuA.get("Code") +
            " 姓名:" + stuA.get("Name") +
            " 性别:" + stuA.get("Sex") +
            " 分数:" + stuA.get("Score"))
```

3. 页面效果

最终在 Chrome 浏览器控制台输出效果如图 4-5 所示。

图 4-5　读取数据

4. 源码分析

在上述代码中，首先构建一个数据模型 student，在该模型中，通过 defaults 属性设置对象的一些默认属性值。然后，实例化一个模型对象 strA，在实例化过程中，重置对象的 3 个属性值。最后，调用 get 方法获取对象指定的属性值，并将这些值输出在浏览器的控制台中。

从图 4-5 中可以看出，当使用对象的 get 方法读取数据时，会自动与上一次的值进行比较。如果没有发生变化，返回上一次的对象数据；否则，获取变化后最新的对象数据。如果不存在该项数据名称，则返回 undefined 值。

4.2.2　修改数据

完成一个数据模型的构建之后，就可以通过实例化的对象修改模型类中的默认属性值。常用方法有两种：一种是在实例化对象的同时修改默认的属性值，另一种是调用对象的 set 方法针对一个或多个属性进行重置。当数据修改后，如果不与上一次的值相同，可以调用对象的 get 或 escape 方法进行获取。

示例 4-6　调用 set 方法批量重置默认属性值

1. 功能描述

首先构建一个模型类，并设置默认的属性名称。然后，分别实例化 stuA 和 stuB 两个模型对象。在实例化过程中，对象 stuA 在实例化时，直接给默认的属性名赋值，而对象 stuB 则通过 set 方法，在对象实例化后批量赋值。最后，在浏览器控制台中输出两个对象的属性值。

2. 实现代码

在页面的 <script> 元素中，加入如代码清单 4-6 所示的代码。

代码清单 4-6　调用 set 方法批量重置默认属性值

```
var student = Backbone.Model.extend({
    defaults: {
        Code: "",
        Name: "",
        Score: ""
    }
});
var stuA = new student({
    Code: "10104",
    Name: "周小敏",
    Score: "500"
});
var stuB = new student();
stuB.set({
    Code: "10105",
    Name: "陆明明",
    Score: "300"
});
```

```
console.log("1. 学号：" + stuA.get("Code") +
            "  姓名：" + stuA.get("Name") +
            "  分数：" + stuA.get("Score"));
console.log("2. 学号：" + stuB.get("Code") +
            "  姓名：" + stuB.get("Name") +
            "  分数：" + stuB.get("Score"));
```

3. 页面效果

最终在 Chrome 浏览器控制台输出效果如图 4-6 所示。

4. 源码分析

在上述代码中，分别实例化两个模型对象 stuA 和
stuB。前者是在实例化时便修改了对象模型的默认属性

图 4-6　修改数据

值，后者则是在实例化对象之后，使用 set 方法批量重置对象模型中的默认属性值。最后调用对象的 get 方法获取对象数据，并输出至浏览器的控制台中。

从图 4-6 中可以看出，无论是使用实例化对象的同时修改属性值，还是实例化之后使用 set 方法重置对象的属性值，都可以调用 set 方法获取。

4.2.3　开启数据验证

Backbone 中提供了一套完整的数据验证机制，用于确保写入数据模型中数据的正确性，尤其是在最新的 1.0.0 版本，改变了之前的自动验证方式，改为设置验证方式。接下来详细介绍在 Backbone 1.0.0 中，数据验证实现的方法。

要实现对数据中某个属性值的验证，需要完成以下 3 个步骤的操作。

1）添加 validate 方法。在该方法中确定数据校验的标准，即数据在什么情况下，认为它是不正确的，如果不正确，返回提示信息。

2）绑定对象 invalid 事件。数据验证失败后会触发该事件，在该事件中，通过返回的参数可以接收 validate 方法中传来的提示信息。

3）使用 set 方法添加 / 修改属性时，必须将 validate 属性值设置为 true，用于通知 Backbone 框架此次的数据操作是需要进行验证的。

通过上述步骤的操作，就可以开启对某项数据的验证，下面通过一个简单的示例来说明数据验证的过程。

示例 4-7　开启数据验证

1. 功能描述

在构建模型类时，首先添加 validate 方法，在该方法中对属性中的"姓名"和"分数"做有效性验证。然后，通过 set 方法重置属性值，并将 validate 的值设为 true。更新一个不符合验证规则的属性值时，在浏览器的控制台中以 JSON 形式输出原有对象属性值内容。

2. 实现代码

在页面的 <script> 元素中，加入如代码清单 4-7 所示的代码。

代码清单 4-7　开启数据验证

```javascript
var student = Backbone.Model.extend({
    initialize: function () {
        this.on('invalid', function (model, error) {
            console.log(error)
        });
    },
    validate: function (attrs) {
        if (!_.isString(attrs.Name)) return '姓名必须是字符!'
        if (!_.isNumber(attrs.Score)) return '分数必须是数字!'
    },
    defaults: {
        Code: "10001",
        Name: "张三",
        Score: 100
    }
});
var stuE = new student();
stuE.set({
    Code: "10105",
    Name: 12345,
    Score: 600
}, { "validate": true });
console.log(stuE.toJSON());
```

3. 页面效果

最终在 Chrome 浏览器控制台输出效果如图 4-7 所示。

图 4-7　开启数据验证

4. 源码分析

在上述代码中，构建数据模型类，在构造函数中绑定对象的 invalid 事件。在该事件中，将在浏览器的控制台输出验证错误提示信息。其次，在数据模型类中，添加 validate 方法，设置了 Name、Score 两个属性的验证规则。最后，在调用实例化对象 stuE 的 set 方法时，将 validate 属性值设置为 true。

由于在调用实例化对象 stuE 的 set 方法时，将 Name 属性的值重置为 12345，这是一个数字类型，这样的设置不符合 "Name 属性必须为字符" 的规则。由于开启了验证，将调用 validate 方法的规则进行对应数据的验证。验证失败后，触发已绑定 invalid 事件，接收传回的错误提示信息，并将该信息输出至浏览器的控制台中。

另外，在调用 validate 方法进行数据验证时，将会逐一对规则进行过滤。如果验证失败，会终止整个 set 方法的操作，直接执行 invalid 事件中的代码。也就是说，本示例中由于

Name 属性没有通过验证，即使 Score 属性设置了正确的值，也不会进行更新。因为整个操作都已终止，通过最后一行代码输出对象 stuE 的全部数据可以看出，stuE 对象中的各属性值仍然是初始化的值，没有发生变化。

4.2.4 关闭数据验证

在 Backbone 中调用 set 方法时，不将 validate 属性值设置为 true，本次 set 方法将不会进行数据验证。此外，在调用 set 方法时，还可以将 silent 属性值设置为 true，表示静默式修改数据，即在修改数据时，不触发任何事件。这其中也包括绑定的属性事件，当然也不会触发数据验证事件，而直接更新数据。

示例 4-8 关闭数据验证

1. 功能描述

在示例 4-7 基础之上进行修改，只在使用 set 方法重置属性值时，将 silent 属性值设置为 true，不设置 validate，其余代码不变。最后，将重置后的对象属性值内容以 JSON 格式的形式输出至浏览器的控制台中。

2. 实现代码

在页面的 <script> 元素中，加入如代码清单 4-8 所示的代码。

代码清单 4-8 关闭数据验证

```
var student = Backbone.Model.extend({
    initialize: function () {
        this.on('invalid', function (model, error) {
            console.log(error)
        });
        this.on("change:Name", function (model, value) {
            console.log("您触发了 Name 属性修改事件！");
        });
    },
    validate: function (attrs) {
        if (!_.isString(attrs.Name)) return '姓名必须是字符！'
        if (!_.isNumber(attrs.Score)) return '分数必须是数字！'
    },
    defaults: {
        Code: "10001",
        Name: "张三",
        Score: 100
    }
});
var stuE = new student();
stuE.set({
    Code: "10105",
    Name: 12345,
    Score: "600"
}, { "silent": true });
 console.log(stuE.toJSON());
```

3. 页面效果

最终在 Chrome 浏览器控制台输出效果如图 4-8 所示。

图 4-8 关闭数据验证

4. 源码分析

上述代码示例 4-7 基础之上添加一个对象的 change:Name 事件。在调用对象 set 方法时，将 Name 和 Score 的属性值分别设置为数字和字符类型，以触发验证的事件，同时将 silent 属性值设置 true。最后，在浏览器的控制台中输出整个 stuE 对象的属性值。

由于在 set 方法中将 silent 属性值设置 true，表示将关闭所有触发的事件，采用静默方式进行更新，因此，即使设置的属性值不符合验证规则，validate 方法也不会被触发，而是直接重置对象的属性值。在属性值被重置的过程中，虽然已绑定 change:Name 事件，但由于是静默式更新，该事件同样也不会被触发。最终在浏览器的控制台中输出更新后的数据。

4.2.5 更新数据回滚

在 Backbone 中调用 set 方法时，可以将 silent 属性值设置 true，采用静默方式更新数据。但为了确保数据的安全性，可以针对已更新的数据进行二次验证，如果不符合验证规则，可以调用对象的 previous 方法进行上一次数据的回滚。

示例 4-9　更新数据回滚

1. 功能描述

在示例 4-8 基础之上进行修改，关闭数据验证后，对已经重置的对象属性值进行手动验证，以确定其数据的有效性。如果手动验证不成功，将调用 previous 方法获取的数据回滚值重置为对象的属性值。最后，在浏览器的控制台以 JSON 形式输出对象的属性内容。

2. 实现代码

在页面的 <script> 元素中，加入如代码清单 4-9 所示的代码。

代码清单 4-9　更新数据回滚

```
var student = Backbone.Model.extend({
    initialize: function () {
        this.on('invalid', function (model, error) {
            console.log(error)
        });
        this.on("change:Name", function (model, value) {
            console.log(" 您触发了 Name 属性修改事件！");
        });
    },
```

```
        validate: function (attrs) {
            if (!_.isString(attrs.Name)) return '姓名必须是字符!'
            if (!_.isNumber(attrs.Score)) return '分数必须是数字!'
        },
        defaults: {
            Code: "10001",
            Name: "张三",
            Score: 100
        }
});
var stuE = new student();
stuE.set({
    Code: "10105",
    Name: 12345,
    Score: "600"
}, { "silent": true });
console.log(stuE.toJSON());
if (!_.isString(stuE.get("Name")) || !_.isNumber(stuE.get("Score"))) {
    stuE.set({ "Name": stuE.previous("Name"),
            "Score": stuE.previous("Score") });
}
console.log(stuE.toJSON());
```

3. 页面效果

最终在 Chrome 浏览器控制台输出效果如图 4-9 所示。

图 4-9 更新数据回滚

4. 源码分析

在上述代码中，调用对象 stuE 的 get 方法获取属性当前最新的值，然后进行二次验证。如果没有通过验证，再次调用对象 set 方法，将使用 previous 方法获取的上一次数据更新为对象的最新值，实现对象数据的回滚。

虽然在第一次调用 set 方法时启用静默方式，更新两个不符合验证规则的属性值，但通过数据的二次验证，调用 previous 方法获取第一次 set 方法更新之前的数据，并再次调用 set 方法将获取的数据进行更新，实现异常数据的回滚。

图 4-9 中虽然都是输出对象 stuE 的 JSON 格式值，但两次输出的内容却不同，第一次输出的是采用静默方式更新后的值，第二次输出的是数据回滚之后对象 stuE 的属性值。

4.2.6 删除数据

在 Backbone 中，可以调用对象的 unset 和 clear 方法删除模型对象中的数据，前者是删除指定属性名称的数据，调用格式如下。

```
Obj.unset(attrName)
```

后者为清除对象中的全部数据，该方法没有参数，调用的格式如下。

```
Obj.clear()
```

接下来通过简单的示例介绍使用 unset 和 clear 方法删除模型中对象数据的过程。

示例 4-10　调用 unset 方法删除指定属性的数据

1. 功能描述

首先构建一个模型类，实例化一个名为"strE"的类对象。然后，调用 set 方法重置对象的属性值。最后，分别调用 unset 和 clear 方法删除指定的某个和全部的属性数据，在删除过程中，分别在浏览器的控制台中输出数据删除后的对象属性值。

2. 实现代码

在页面的 <script> 元素中，加入如代码清单 4-10 所示的代码。

代码清单 4-10　调用 unset 方法删除指定属性的数据

```javascript
var student = Backbone.Model.extend({
    initialize: function () {
        // 构造函数
    },
    defaults: {
        Code: "10001",
        Name: "张三",
        Score: 100
    }
});
var stuE = new student();
stuE.set({
    Code: "10106",
    Name: "李小明",
    Score: 650
});
// 删除 name 属性
stuE.unset("Name");
console.log(stuE.get("Name"));
console.log(stuE.toJSON());
stuE.set("Name", stuE.previous("Name"));
console.log(stuE.toJSON());
// 清除全部数据
stuE.clear();
console.log(stuE.toJSON());
```

3. 页面效果

最终在 Chrome 浏览器控制台输出效果如图 4-10 所示。

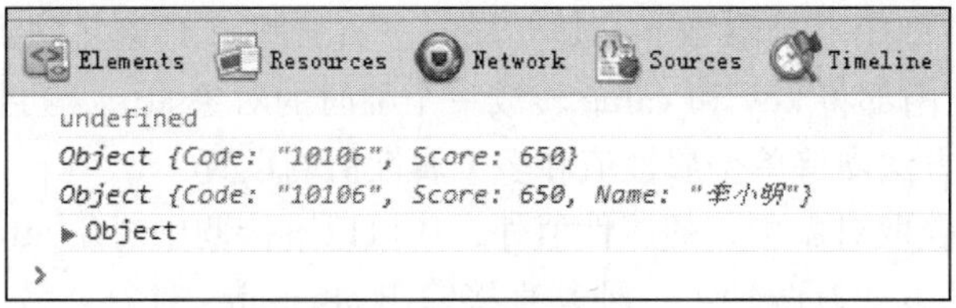

图 4-10 删除数据

4. 源码分析

在上述代码中，首先调用 stuE 对象的 set 方法更新一次数据，同时调用对象的 unset 方法删除对 Name 属性的数据，并输出删除数据后，Name 属性值和整个 stuE 对象的 JSON 格式内容。然后第二次调用 set 方法，将 Name 属性回滚后的值更新为当前最新属性值，并再次输出整个 stuE 对象的 JSON 格式内容。最后，调用对象的 clear 方法清空 stuE 对象的全部数据，并再次以 JSON 格式输出对象的内容。

当删除 stuE 对象的 Name 属性数据之后，再次调用该属性值时，将返回 undefined，表示对应属性已不存在；同时，以 JSON 格式输出整个 stuE 对象时，Name 属性同样不存在。通过这点可以看出，使用 unset 方法不仅是删除属性的数据，而且该属性也一并删除，这是因为当模型对象在执行 unset 方法时，模型内部将调用 delete 关键字将 Name 属性从对象中移除，从而实现删除数据的功能。

由于 unset 方法也是数据更新方法的一种，也能调用 previous 方法对已删除的数据进行回滚。因此，在本示例中，当调用 previous 方法获取回滚后的 Name 属性值，并将该值使用 set 方法重置为 Name 属性的新值后，再次以 JSON 格式输出整个 stuE 对象时，已删除的数据又重新返回，如图 4-10 中第 3 行输出所示。

调用 stuE 对象的 clear 方法清空整个对象的数据之后，全部的数据都将被删除，包括对象的属性和属性值。因此，最后一次以 JSON 格式输出整个 stuE 对象时，该对象的内容是一个空值，如图 4-10 中第 4 行输出所示。

4.3 对象属性操作

在 Backbone 中，每一个实例化后的模型对象都包含一个或多个属性，可以通过调用对象的 set 方法设置这些属性的值，并调用对象的 get 方法返回指定属性名称的值。用户对模型对象的数据操作，在本质上来说，就是对一个个对象属性的操作。本章将进一步介绍操作对象属性的原理和获取属性修改前数据的方法。

4.3.1 attributes 对象

在 Backbone 中，实例化后的模型对象所有属性都保存在一个名 attributes 的对象中，对象的 set 或 get 方法都是围绕该对象进行存取的。使用 set 方法设置对象属性值时，该方法内部执行了一个兼容。即第一个参数 key 是对象时，直接将该对象复制到 attributes 中；如果是字符串形式，则在内部将 key 和 value 转成一个临时的对象 attrs，再把它复制到 attributes 中，这样可以使 set 方法支持单个属性值和多个属性值的设置。

除使用 get 方法获取对象指定的属性值外，还可以直接调用对象 attributes 的方法获取全部的属性值。获取的方式有两种：一种是直接输出 attributes 对象，另一种是遍历 attributes 对象，获取并输出对象中的第项属性值。

示例 4-11　调用 attributes 对象获取全部的属性值

1. 功能描述

在构建并实例化一个模型对象后，首先在浏览器的控制台中输入该对象的整个 attributes 内容，然后以遍历的方式在浏览器的控制台中分别输出 attributes 中的每一项值。

2. 实现代码

在页面的 <script> 元素中，加入如代码清单 4-11 所示的代码。

代码清单 4-11　调用 attributes 对象获取全部的属性值

```
var student = Backbone.Model.extend({
    initialize: function () {
        // 构造函数
    },
    defaults: {
        Code: "10001",
        Name: "张三",
        Score: 100
    }
});
var stuE = new student();
stuE.set({
    Code: "10106",
    Name: "李小明",
    Score: 650
});
// 直接输出 attributes 对象
console.log(stuE.attributes);
// 遍历后输出 attributes 对象中的每项属性和值
var attrs = stuE.attributes;
for (var i in attrs) {
    console.log(i + ":" + stuE.attributes[i]);
}
```

3. 页面效果

在上述代码中，分别采用直接输出 attributes 对象方式和遍历 attributes 对象的方式，在浏览器的控制台中输出对象的全部数据。最终在 Chrome 浏览器控制台输出效果如图 4-11 所示。

图 4-11　attributes 对象的使用

4. 源码分析

从图 4-11 中可以看出，直接输出 attributes 对象时，它是以 JSON 格式的形式显示的，因此下列两段代码是等价的。

```
console.log(stuE.attributes);
```

等价于：

```
console.log(stuE.toJSON());
```

以遍历的方式也可以获取 attributes 对象中的某项属性值，如图 4-11 中第 2、3、4 行所示。因此，可以针对某项属性值进行修改。

说明

虽然这种方式也可以获取对象的属性值，但这种方法的使用不会触发任何事件，容易产生数据的异常。

4.3.2　previous 和 previousAttributes 方法

在前面的章节中，不止一次讲到并使用 previous 和 previousAttributes 方法，这两个方法的功能都是返回对象在修改之前上一个状态的属性值。第一种方法的调用格式如下。

```
Obj.previous(attrName)
```

第二种方法返回一个对象，包含上一个状态的全部数据，该方法没有参数，调用的格式如下。

```
Obj.previousAttributes()
```

这两种方法都必须在使用 set 方法重置数据后使用，如果之前没有使用过 set 方法，就直接调用 previous 或 previousAttributes 方法，将返回异常。接下来通过简单的示例来演示它们的使用过程。

示例 4-12　调用 previousAttributes 方法返回数据

1. 功能描述

在构建并实例化一个模型对象后，第一次使用 set 方法重置对象的全部属性值，并将重置后对象的 previousAttributes 输出至浏览器的控制台中。接下来，第二次使用 set 方法重置对象的全部属性值，同时将重置后对象的 previousAttributes 输出至浏览器的控制台中，观察两次输出的变化。

2. 实现代码

在页面的 <script> 元素中，加入如代码清单 4-12 所示的代码。

代码清单 4-12　调用 previousAttributes 方法返回数据

```
var student = Backbone.Model.extend({
    initialize: function () {
```

```
            // 构造函数
        },
        defaults: {
            Code: "10001",
            Name: " 张三 ",
            Score: 100
        }
});
var stuE = new student();
stuE.set({
    Code: "10106",
    Name: " 李小明 ",
    Score: 650
});
console.log(stuE.toJSON());
console.log(stuE.previousAttributes());
console.log("------");
stuE.set({
    Code: "10107",
    Name: " 陈天豪 ",
    Score: 720
});
console.log(stuE.toJSON());
console.log(stuE.previousAttributes());
```

3. 页面效果

最终在 Chrome 浏览器控制台输出效果如图 4-12 所示。

图 4-12 previousAttributes 方法的使用

4. 源码分析

在上述代码中，首先第一次使用 set 方法重置 stuE 对象属性值，分别调用对象的 toJSON 和 previousAttributes 方法输出对象当前数据和上一个状态的数据。然后，第二次使用 set 方法重置 stuE 对象属性值，再次调用相关方法输出对象当前数据和上一个状态的数据。

从图 4-12 中可以看出，第 2 行显示的对象值是第 1 行重置数据之前的状态数据，即初始化数据。而再次重置数据之后，previousAttributes 方法获取的数据值也随之发生了变化。图中的第 5 行显示的对象值是第 4 行重置数据之前的状态数据，即第一次调用对象 set 方法重置后的数据。由此可见，previousAttributes 方法总是获取对象重置数据之前的上一个状态数据，而非初始化的数据。

4.3.3　set 方法的内部顺序

　　通过前面章节的介绍我们知道，set 方法在数据模型中占有十分重要的位置，虽然它的功能只是重置、设置对象的属性值，但在 Backbone 内部却有十分严格的逻辑顺序。

　　打开 1.0.0 版本的 Backbone.js 源文件，找到关于 set 方法的源代码，如下所示。

```
... 省略部分源码
var Model = Backbone.Model = function(attributes, options) {
    var defaults;
    var attrs = attributes || {};
    options || (options = {});
    this.cid = _.uniqueId('c');
    this.attributes = {};
    _.extend(this, _.pick(options, modelOptions));
    if (options.parse) attrs = this.parse(attrs, options) || {};
    if (defaults = _.result(this, 'defaults')) {
      attrs = _.defaults({}, attrs, defaults);
    }
    this.set(attrs, options);
    this.changed = {};
    this.initialize.apply(this, arguments);
};
... 省略部分源码
```

　　从上述 Backbone 框架源代码可以看出，实例化后模型对象的属性值都存储在 this.attributes 中。调用 set 方法时，会检测第一个参数 key 是否是对象。如果是则直接赋值给 this.attributes，否则将获取的 key 和 value 值，生成一个临时的 attrs 对象，再将该对象接赋值给 this.attributes。

　　此外，对象在调用 set 方法时，可能会调用内部的 this._validate 方法进行数据验证，该方法在 Backbone 框架源代码如下所示。

```
... 省略部分源码
_validate: function(attrs, options) {
      if (!options.validate || !this.validate) return true;
      attrs = _.extend({}, this.attributes, attrs);
      var error = this.validationError = this.validate(attrs,
options) || null;
      if (!error) return true;
      this.trigger('invalid', this, error, _.extend(options || {},
{validationError: error}));
      return false;
}
... 省略部分源码
```

　　从上述 Backbone 框架源代码可以看出，当 options.validate 属性值设置为 true 并且模型必须实现 this.validate 方法时，将调用数据验证，否则直接返回 true。此外，在框架的源代码中可以看出，this._validate 方法执行在前，而 this.trigger 执行在后。因此，如果验证失败，不会执行 change 事件。通过上面的分析，可以分析 set 方法执行时的内部顺序，如图 4-13 所示。

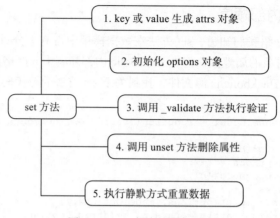

图 4-13　set 方法的内部顺序

从图 4-13 中可以看出，将 key 值生成对象的级别最高，其次是 options 对象的初始化，获取重置对象数据的方式。如果需要验证，调用内部的 _validate 方法，否则直接进行数据重置。接下来，如果调用 unset 方法，则调用内部的 delete 删除对象的数据。最后，如果 options 对象中设置了静默重置数据时，则执行静默重置数据的操作。

4.4　同步数据到服务器

在 Backbone 中，客户端的静态页与服务器之间的数据，可以通过 save、fetch、destroy 方法分别实现在服务器中保存、获取、删除数据的操作，通过这些方法可以实现客户端与服务器之间的无缝式连接，完成客户端数据与服务器的同步。接下来逐一进行介绍。

4.4.1　save 方法

在 Backbone 中，对象 save 方法的功能是在服务器中保存客户端发送的数据，在数据发送过程中，还能通过模型内部的 isNew 方法检测数据是否是新建还是更新。如果是新创建，通过 POST 方法发送，否则通过 PUT 方式发送。服务器根据数据发送的方式进行数据添加或更新操作，并向客户端返回操作结果，客户端根据获取的操作结果，进行下一步的操作。

示例 4-13　使用 save 方法发送数据

当一个实例化后的模型对象在模型中设置服务器请求地址 url 属性后，就可以直接调用对象的 save 方法，向服务器发送数据。接下来通过简单的示例来演示 save 方法向服务器发送数据的过程。

1. 功能描述

首先，在构建模型类时添加 url 属性，指定 save 方法发送数据时的请求路径。然后实例化一个模型对象，并调用该对象的 save 方法，此时观察浏览器控制台的数据请求。

2. 实现代码

在页面的 <script> 元素中，加入如代码清单 4-13 所示的代码。

代码清单 4-13　使用 save 方法发送数据

```
var student = Backbone.Model.extend({
    initialize: function () {
        // 构造函数
    },
    url:"/Ch4/api/save.php"
    defaults: {
        Code: "10001",
        Name: " 张三 ",
        Score: 100
    }
});
var stuE = new student();
stuE.set({
    Code: "10107",
    Name: " 陶国荣 ",
    Score: 750
});
stuE.save();
```

3. 页面效果

在上述代码中，首先在模型中添加一个用于指定服务器请求地址的 url 属性，并设置该属性的值。然后，调用对象的 set 方法重置一次模型对象的属性值，并调用 save 方法进行数据保存。在保存过程中，将向已设置的 url 属性值发送本次重置的对象数据，保存至服务器中。执行上述代码之后，在 Firefox 浏览器控制台获取的请求数据效果如图 4-14 所示。

图 4-14　使用 save 方法发送数据

4. 源码分析

从图 4-14 中可以看出，此次调用 save 方法发送数据的方式由于是新增加数据，所以是 POST 方式，请求返回 200，表示此次数据发送的请求地址是成功的。另外，数据发送的格式是 JSON，数据内容为最后一次使用 set 方法重置的属性值。

示例 4-14　使用 save 方法接收返回值

使用对象的 save 方法发送数据至服务器后，服务器将接收发送的数据写入数据库，实现保存或修改的功能。操作完成后，将向客户端返回一个成功或失败的标志，客户端根据这一返回值进行下一步的操作。

1. 功能描述

在示例 4-13 的基础之上修改代码，调用 save 方法发送数据时，添加一个 success 函数，通过该函数的参数可以传回数据发送后的返回值。获取成功后，将返回值的内容输出至浏览器的控制台中。

2. 实现代码

在页面的 <script> 元素中，加入如代码清单 4-14 所示的代码。

代码清单 4-14　使用 save 方法接收返回值

```
var student = Backbone.Model.extend({
    initialize: function () {
        // 构造函数
    },
    url:"/Ch4/api/save.php"
    defaults: {
        Code: "10001",
        Name: " 张三 ",
        Score: 100
    }
});
var stuE = new student();
stuE.set({
    Code: "10107",
    Name: " 陶国荣 ",
    Score: 750
});
stuE.save(null, {
    success: function (model, response) {
        console.log(response.code);
    }
});
```

服务器的数据接收页 save.php 是一个使用 PHP 语言开发的服务器端文件，功能是声明接收数据的格式，获取发送的数据，向客户端返回成数据保存标志。save.php 文件的代码如下所示。

```php
<?php
    // 设置接收数据的格式
    header('Content-Type: application/json; charset=utf-8');
    // 获取客户端发送来的数据
    $data = json_decode(file_get_contents("php://input"));
    /*
     获取各个属性值，保存至服务器中
     ...
    */
```

```
    // 返回更新成功的标志
    die(json_encode(array('code'=>'0')));
?>
```

3. 页面效果

本次修改的前端页面代码中，在调用对象的 save 方法时，设置一个 success 函数，当成功接收服务器返回值时自动执行。在该函数中，通过 response 参数获取服务器返回的 JSON 格式数据，并将该值显示在浏览器的控制台中。最终在 Firefox 浏览器控制台输出效果如图 4-15 所示。

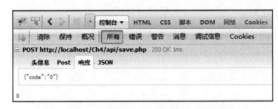

图 4-15　使用 save 方法接收返回数据

4. 源码分析

从图 4-15 中可以看出，服务请求是正确的，并有响应，响应值为 JSON 格式的数据，客户端通过在 success 函数的参数 response 获取该返回的 code 值；此外，也可以在 save 方法中添加一个 error 函数，当服务器出现返回错误时将执行该函数。

示例 4-15　使用 save 方法时设置 wait 属性

在调用 save 方法向服务端保存数据时，不仅可以在配置对象中添加 success 或 error 函数，还可以将 wait 属性值设置为 true。在配置对象中，将 wait 属性值设置为 true 时，将会调用 validate 方法，对发送数据的有效性进行验证。如果没有通过验证，将不会向服务器发送数据，对象的数据进行回滚，返回上一状态。此外，当向服务器发送数据时，如果请求失败也将导致数据回滚，返回上一状态。

1. 功能描述

在示例 4-14 的基础之上修改代码。首先，调用 save 方法发送数据请求时，将配置对象中将 wait 属性值设置为 true 或不设置该属性；然后分别在浏览器的控制台中观察这两种不同的设置时，数据发送的内容。

2. 实现代码

在页面的 <script> 元素中，加入如代码清单 4-15 所示的代码。

代码清单 4-15　使用 save 方法时使用 wait 属性

```
var student = Backbone.Model.extend({
    initialize: function () {
        // 构造函数
```

```
    },
    url:"/Ch4/api/save2.php"
    defaults: {
        Code: "10001",
        Name: " 张三 ",
        Score: 100
    }
});
var stuE = new student();
stuE.save({
    Code: "10107",
    Name: " 陶国荣 ",
    Score: 750
}, { success: function (model, response) {
    console.log(response);
}, wait: true
});
console.log(stuE.toJSON());
```

3. 页面效果

最终在 Firefox 浏览器控制台输出对比效果如图 4-16 所示。

图 4-16 使用 save 方法时设置 wait 属性

4. 源码分析

在上述代码中，首先将模型中的 url 属性设置为一个不可访问的服务器地址，造成请求异常。调用 save 方法向服务器发送数据时，直接通过该方法的第一个参数进行设置并发送，并在 save 方法的选项配置对象中添加 success 函数，将 wait 属性设置为 true，表示需要验证才能更新模型中数据。最后，在浏览器的控制台中，以 JSON 的格式输出对象 stuE 的全部数据。

从图 4-16 中可以看出，向服务器发送数据的请求地址异常时，如果在 save 方法中将 wait 属性值设置为 true 时，数据将进行回滚；如果没有设置 wait 属性，不论服务器是否接收或发送数据是否符合验证规则，都将对原有数据进行重置，更新为最新的对象数据。

通过本示例的演示可以看出，通过调用 save 方法中的第一个参数，可以实现既向服务器发送数据，又重置本地模型数据的功能。该参数可以通过对象的方式重置多个属性，也可以通过调用两个参数，采用 key/value 的方式实现某个属性值的发送与重置。

4.4.2　fetch 方法

与 save 方法不同，fetch 方法的功能是从服务器端获取数据，常用于数据模型初始化或数据恢复，它的使用格式化与 save 方法差不多，该方法采用 get 方式请求服务器中的数据，当请求成功后，将调用 set 方法重置模型的 this.attributes 对象。同时，如果重置成功，调用 success 函数，否则直接返回。下面通过一个简单的示例来演示 fetch 方法从服务器获取数据的过程。

示例 4-16　使用 fetch 方法获取服务器数据

1. 功能描述

在构建模型类时，首先设置 url 属性，用于指定调用 fetch 方法获取数据时的请求路径。然后实例化一个模型对象，并调用该对象的 fetch 方法。在调用过程中，添加该方法的两个回调函数 success 和 error，在第一个函数中，通过浏览器的控制台输出获取的数据内容。

2. 实现代码

在页面的 <script> 元素中，加入如代码清单 4-16 所示的代码。

代码清单 4-16　使用 fetch 方法获取服务器数据

```
var student = Backbone.Model.extend({
    initialize: function () {
        // 构造函数
    },
    url: "/Ch4/api/fetch.php"
});
var stuE = new student();
stuE.fetch({
    success: function (model, response) {
        console.log(stuE.toJSON());
    },
    error: function (err) {
        console.log("err");
    }
});
```

此外，fetch.php 文件的功能是定义一个 JSON 格式的数据，客户端请求时向客户端返回该数据，fetch.php 文件的代码如下所示。

```
<?php
die(json_encode(array(
'Code'=>'10001','Name'=>'abcde','Score'=>100)));
?>
```

3. 页面效果

最终在 Firefox 浏览器控制台输出效果如图 4-17 所示。

图 4-17　使用 fetch 方法获取服务器数据

4. 源码分析

在本次示例的前端页面代码中，首先通过在数据模型中添加一个 url 属性值，来设置调用 fetch 方法请求数据的地址。然后，实例化一个模型数据对象，并调用该对象的 fetch 方法按指定的 url 路径获取服务器返回的数据。最后，在 fetch 方法的配置对象中添加一个 success 函数，数据请求成功后调用该函数，将当前 stuE 对象的内容以 JOSN 格式输出在浏览器的控制台中。

从图 4-17 中可以看出，当对象调用 fetch 方法请求数据成功时，已将服务器端的 JSON 格式数据通过调用 set 方法重置于当前的数据模型中，因此可以调用 toJSON 方法将对象 stuE 的数据以 JSON 格式输出在控制台中。

4.4.3　destroy 方法

在 Backbone 中，当调用对象的 destroy 方法时，将以 DELETE 请求方式向服务器发送对象的 ID 数据，服务器接收该数据后删除对应的数据记录，并向客户端发送删除成功的标志。

由于是删除对象的数据，因此在调用 destroy 方法时，必须发送 ID 号属性，如果不存在该属性，可以通过 idAttribute 属性进行设置，否则不会发送数据请求操作。

此外，在调用 destroy 方法的过程中，也可以配置对象中添加 success、error 函数或将 wait 属性值设置为 true，当请求服务器删除数据成功并接收返回值后，不仅触发绑定的 destroy 事件，而且还调用 success 函数；当请求服务器失败时，如果 wait 属性值设置为 true，则不会触发绑定的 destroy 事件，否则将会触发绑定的 destroy 事件并且执行 error 函数中的代码，下面通过一个简单的示例来演示 destroy 方法从服务器删除数据的过程。

示例 4-17　使用 destroy 方法从服务器删除数据

1. 功能描述

在构建模型类时，首先通过 url 属性指定删除数据的请求路径，并添加 idAttribute 属性指定 ID 对应的属性名称。然后实例化一个模型对象，并调用该对象的 destroy 方法。在调用该方法时，通过 success 回调函数获取请求传回的内容，并将内容输出至浏览器控制台中。

2. 实现代码

代码如代码清单 4-17 所示。

代码清单 4-17　使用 destroy 方法从服务器删除数据

```
var student = Backbone.Model.extend({
    initialize: function () {
        // 构造函数
        this.on('destroy', function () {
            console.log(' 正在调 destroy 方法 ');
        });
    },
```

```
        url: "/Ch4/api/destroy.php",
        idAttribute: "Code"
});
var stuE = new student({
        Code: "10107"
});
stuE.destroy({
        success: function (model, response) {
            if (response.code == "0") {
                console.log("Code 为 " +
                    model.get("Code") + " 的数据已删除 ");
            }
        },
        error: function (error) {
            onsole.log(" 删除数据出现异常 ");
        },
        wait:true
});
```

此外，destroy.php 文件的功能是定义一个 JSON 格式的数据，当服务器成功删除指定 ID 的数据后，向客户端返回删除成功的标志，destroy.php 文件的代码如下所示。

```php
<?php
    /*
    获取接收的数据编号，删除对应记录
    ...
    */
    // 返回已删除成功标志
    die(json_encode(array('code'=>'0')));
?>
```

3. 页面效果
最终在 Firefox 浏览器控制台输出对比效果如图 4-18 所示。

图 4-18　用 destroy 方法删除服务器数据

4. 源码分析
在本示例的前端页面代码中，首先为了向服务端发送删除数据的 ID 号，通过

idAttribute 属性将 Code 名称设置为数据请求时的 ID 号属性。然后,在构造函数中绑定 destroy 事件,当删除数据请求成功开始删除本地模型中对应数据时,将会触发该事件。

最后,实例化一个名称为 stuE 的对象,并调用该对象的 destroy 方法。在调用方法的过程中,添加了 success 和 error 函数,并将 wait 属性值设置为 true,当服务器成功删除指定 ID 号的数据时,执行 success 函数。在该函数中,根据服务器返回的标志值将在浏览器的控制台中输出删除成功的信息。

当服务器成功删除数据并向客户端返回删除成功标志后,客户端先进行本地模型数据的删除,将会触发已绑定的 destroy 事件。然后执行 success 函数,根据服务端返回的标志,在浏览器的控制台输出删除成功的信息。

当请求服务器删除数据出现异常时,由于在 destroy 方法中将配置对象的 wait 属性值设置为 true,因此不会触发已绑定的 destroy 事件,只执行了 error 函数,将错误信息输出至浏览器的控制台中。

4.5　本章小结

在 Backbone 中,数据模型(Model)是一个十分重要的概念,它是构建 MVC 体系的基石。本章首先从构建简单数据模型开始,由浅入深地介绍了如何在数据模型中定义属性、设置方法、验证属性的过程;然后介绍了数据模型的两个重要方法 set 和 get 的使用技巧,并介绍了数据模型中的重要对象 attributes 和方法 previousAttributes 的运用场景;最后结合多个示例,详细介绍了如何将模型对象中的数据与服务器进行同步,实现在服务器中保存、获取、删除的操作。

第 5 章

模型集合

在第 4 章介绍了 Backbone 的基类——数据模型（Model），而模型集合（Collection）则是依附于基类的另外一个数据集合类，它的功能是管理和存储由模型衍生的数据集合。如果从数据库的角度来看，一个实例化后的 Model 对象好像表中的一条记录，而一个实例化后的 Collection 对象则是一张数据集合表，可以在这表中进行一系列的增加、删除、修改、查询的操作，还可以与服务器进行数据同步，批量更新和获取数据。下面逐一进行详细介绍。

5.1　创建集合对象

在 Backbone 中，创建模型集合的方法十分简单，通常分为两种方法：一种方法是自定义集合类，再实例化集合对象；另一种方法是直接实例化集合对象。从执行效果来看，后一种方法比前一种方法代码更简洁、更高效。

5.1.1　自定义集合对象

集合类是依附于数据模型类，使用自定义集合对象时，首先自定义一个集合类，并在集合类中设置 model 属性值来声明模型类。然后实例化一个当前集合类的对象，就可以向该对象添加各个数据模型对象。下面通过一个简单的示例来说明在实例化集合对象之后，添加数据模型对象的过程。

示例 5-1　自定义集合对象

1. 功能描述

首先，定义一个数据模型类 student，并在构建该类时，通过 defaults 属性设置默认属性值。然后，仍然调用 extend 扩展方法，以自定义的方式构建一个基于数据模型类 student 的数据集合类 stulist。在构建集合类时，通过 model 属性设置依附的模型类名称。最后，定义一个数组对象 stumodels，用于保存模型数据，并在实例化一个名为 stus 的集合对象时，将该数组对象以实参的形式添加到对象中。集合对象会自动将这些模型数据转化成一个个对应的模型对象，遍历集合对象 stus 中的模型对象，并在遍历过程中将各个模型对象中的内容以 JSON 格式输出到浏览器的控制台中。

2. 实现代码

在页面的 <script> 元素中，加入如代码清单 5-1 所示的代码。

代码清单 5-1　自定义集合对象

```
var student = Backbone.Model.extend({
    defaults: {
        Code: "",
        Name: "",
        Score: ""
    }
});
var stulist = Backbone.Collection.extend({
    model: student
});
var stumodels = [{
    Code: "10104",
    Name: "周小敏",
    Score: "500"
}, {
    Code: "10105",
    Name: "陆明明",
    Score: "300"
}, {
    Code: "10107",
    Name: "陈天豪",
    Score: 720
}];
var stus = new stulist(stumodels);
for (var i = 0; i < stus.models.length; i++) {
    console.log(stus.models[i].toJSON());
}
```

3. 页面效果

最终在 Chrome 浏览器控制台输出效果如图 5-1 所示。

图 5-1　定义集合对象后添加数据模型

4. 源码分析

本示例通过 extend 方式自定义一个集合类 stulist，并在定义该类的过程中，设置依附于本类的数据模型 model 属性值。当实例化一个集合类对象，并向该对象添加数据时，集合类会自动创建 model 属性值指定的数据模型，并将这些对象数据存储至数据模型中。严格来说，这些数据模型对象实际上都存储在集合对象的 model 属性中，该属性是一个数组集合。因此，遍历该数组集合时，便可以访问每一个模型对象，并以 JSON 格式的方式输出模型对象中的数据。

5.1.2 实例化集合对象

在示例 5-1 中，先自定义集合类，再实例化该类的方式实现了集合对象的定义，这种方式相对复杂些。虽然复杂，但采用 extend 方式自定义集合类，可以在自定义的类中扩展其他的属性和方法，拓展性更强。其实，也可以通过直接实例化一个集合类的方式来实现集合对象的定义，相比而言，这种方式更加简单。

示例 5-2 实例化集合对象

1. 功能描述

在示例 5-1 的基础之上进行修改，当构建完模型类和用于填充集合对象的数组之后，采用 new 实例化的方式直接定义集合对象。在定义过程中，调用数组初始化集合数据，并通过配置文件对象的 model 属性声明该集合对象所依附的模型类名。

2. 实现代码

在页面的 `<script>` 元素中，加入如代码清单 5-2 所示的代码。

代码清单 5-2　实例化集合对象

```
var student = Backbone.Model.extend({
    defaults: {
        Code: "",
        Name: "",
        Score: ""
    }
});
var stumodels = [{
    Code: "10104",
    Name: " 周小敏 ",
    Score: "500"
}, {
    Code: "10105",
    Name: " 陆明明 ",
    Score: "300"
}, {
    Code: "10107",
    Name: " 陈天豪 ",
    Score: 720
}];
var stus = new Backbone.Collection(stumodels,{
    model: student
});
for (var i = 0; i < stus.models.length; i++) {
    console.log(stus.models[i].toJSON());
}
```

3. 源码分析

在上述代码中，集合对象 stus 是通过直接实例化集合类定义的。在定义的过程中，第一个参数为添加的模型数据，该数据在定义时也会自动转一个个模型对象；同时，第二个参数为配置对象，通过该对象添加并设置 model 属性值，集合内部将根据该属性值自动将获取的模型数据转化成该属性值的模型实例对象。其最终在 chrome 浏览器控制台输出效果与图 5-1 完全一样。

5.1.3 自定义集合方法

以自定义的方式构建集合类时，不仅可以通过 model 属性指定依附的数据模型，而且还可以自定义方法。因为在集合对象中，都是针对数据的存储和管理，集合中的方法侧重于对数据的操作，例如根据规则过滤数据。接下来通过一个简单的示例来演示在集合中定义方法的过程。

示例 5-3   自定义集合方法

1. 功能描述

在构建集合模型类时，除设置 model 属性值外，自定义一个 good 方法。在该方法中，调用集合对象中的 filter 方法，过滤 Score 属性大于 400 的模型对象，即调用该方法时，将返回 Score 属性大于 400 的模型对象集合。

此外，当实例化一个集合对象之后，通过该对象调用自定义的 good 方法，并将该方法返回的模型对象保存到变量 stug 中，最后通过遍历的方式将变量 stug 中的各个模型对象以 JSON 格式显示在浏览器的控制台中。

2. 实现代码

在页面的 <script> 元素中，加入如代码清单 5-3 所示的代码。

代码清单 5-3   自定义集合方法

```javascript
var student = Backbone.Model.extend({
    defaults: {
        Code: "",
        Name: "",
        Score: 0
    }
});
var stulist = Backbone.Collection.extend({
    model: student,
    good: function () {
        return this.filter(function (stu) {
            return stu.get("Score") > 400;
        });
    }
});
var stumodels = [{
    Code: "10104",
    Name: "周小敏",
```

```
        Score: "500"
    }, {
        Code: "10105",
        Name: " 陆明明 ",
        Score: "300"
    }, {
        Code: "10107",
        Name: " 陈天豪 ",
        Score: 720
    }];
    var stus = new stulist(stumodels);
    var stug = stus.good();
    for (var i = 0; i < stug.length; i++) {
        console.log(stug[i].toJSON());
    }
```

3. 页面效果

最终在 Chrome 浏览器控制台输出效果如图 5-2 所示。

图 5-2　定义集合方法

4. 源码分析

从图 5-2 中可以看出，由于是遍历显示 Score 属性值大于 400 的模型对象，当调用 good 方法时，数据模型集合又进行了一次过滤，返回符合条件的模型对象。在数据模型集合中存在一个 Score 属性值为 300 的模型对象，不符合过滤规则，因此该模型对象没有出现在模型对象集合中。

5.2　操作集合中模型对象

在上一节中介绍了定义集合对象的方法，当一个集合对象定义完成之后，它所包含的都是定义时的一个个数据模型对象。这些模型对象也可以通过集合类提供的方法进行移除，也能调用添加模型对象的方法进行再次增加。在移除或增加时，将会自动触发 remove 或 add 事件。此外，还可以针对集合中模型对象进行查询和排序的操作。

5.2.1　移除集合对象中的模型

集合类中提供了 3 种移除集合对象中模型的方法，分别为 remove、pop、shift，它们的使用方法如下。

1）remove 方法的功能是从指定的集合对象中移除一个或多个模型对象，该方法的调用格式如下。

```
obj.remove(models,options)
```

其中, obj 为实例化后的集合对象, models 为一个或多个模型对象, options 为配置对象, 可以在该对象中设置 silent 属性等。

2）pop 方法的功能是移除集合对象中最后一个模型对象, 该方法的调用格式如下。

```
obj.pop(options)
```

3）shift 方法的功能是移除集合对象中首个模型对象, 该方法的调用格式如下。

```
obj.shift(options)
```

在上述 pop 和 shift 方法的调用格式中, 各参数与 remove 的功能一样, 不再赘述。接下来通过一个简单的示例来介绍这些方法的使用过程。

示例 5-4　移除集合对象中的模型

1. 功能描述

在本示例中, 首先使用 shift 方法删除第一条模型对象。然后使用 remove 方法删除第四条模型对象, 即索引号为 3（因为索引号默认从 0 开始）。最后使用 pop 方法删除最后一条模型对象, 并遍历剩余的模型对象数据, 以 JSON 格式在浏览器的控制台中输出各个模型对象的内容。

2. 实现代码

在页面的 <script> 元素中, 加入如代码清单 5-4 所示的代码。

代码清单 5-4　移除集合对象中的模型

```
var student = Backbone.Model.extend({
    defaults: {
        Code: "",
        Name: "",
        Score: 0
    }
});
var stumodels = [{
    Code: "10101",
    Name: "刘真真",
    Score: 530
}, {
    Code: "10102",
    Name: "张明基",
    Score: 460
}, {
    Code: "10103",
    Name: "舒虎",
    Score: 660
}, {
    Code: "10104",
    Name: "周小敏",
    Score: 500
}, {
    Code: "10105",
```

```
        Name: "陆明明",
        Score: 300
    }, {
        Code: "10106",
        Name: "占小方",
        Score: 380
    }, {
        Code: "10107",
        Name: "陈天豪",
        Score: 720
    }];
    var stus = new Backbone.Collection(stumodels, {
        model: student
    });
    // 删除第 1 条模型对象
    stus.shift();
    // 删除第 4 条模型对象
    stus.remove(stus.models[3]);
    // 删除最后一条模型对象
    stus.pop();
    // 重新输出全部的模型对象
    for (var i = 0; i < stus.models.length; i++) {
        console.log(stus.models[i].toJSON());
    }
```

3. 页面效果

最终在 Chrome 浏览器控制台输出效果如图 5-3 所示。

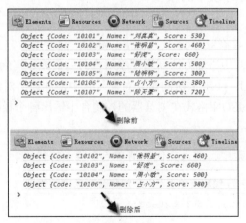

图 5-3　移出集合对象中的模型

4. 源码分析

从图 5-3 中可以看出，有下画线的数据都被删除。首先，删除第一条，即 Code 属性值为 10101 的模型对象；然后删除第四条，即索引号为 3 的模型对象，在删除第一条的基础之上，这条记录就指定向了 Code 属性值为 10105 的模型对象。最后删除最后一条，即 Code 属性值为 10107 的模型对象。这个示例说明，在每次按顺序删除模型对象后，内部的模型对象集合都会重排索引号。

5.2.2　添加集合对象中的模型

上一节中介绍了如何删除集合对象中的模型的方法，集合的类中还提供了与删除方法相对应增加集合对象模型的方法，用于新增除原始对象模型数据之外的新的模型对象，实现的方法提供了以下几种。

1）add 方法与 remove 方法对应，功能是向集合对象中指定的位置插入模型对象，如果没有指定位置，默认为集合对象的尾部。该方法的调用格式如下。

```
obj.add(models,options)
```

2）push 方法与 pop 方法对应，功能是向集合对象的尾部插入模型对象。它的功能与add 方法类似，只是明确了插入的位置，该方法的调用格式如下。

```
obj.push(models,options)
```

3）unshift 方法与 shift 方法对应，功能是向集合对象的头部插入模型对象。它的功能与pop 方法类似，只是插入的位置不同，该方法的调用格式如下。

```
obj.unshift(models,options)
```

上述三种方法使用的参数与 add 使用的参数说明基本相同，不再赘述。接下来通过一个简单的示例来介绍这些方法的使用过程。

示例 5-5　添加集合对象中的模型

1. 功能描述

首先，定义两个数组对象 stumodels 和 newmodels，前者用于定义集合对象时注入的原始数据，后者用于集合对象调用添加方法新增模型对象时的数据。实例化一个集合对象 stus，然后，分别调用 unshift、add、push 方法向集合对象 stus 中添加模型对象。最后，遍历整个添加模型对象之后的数据，以 JSON 格式在浏览器的控制台中输出各个模型对象的内容。

2. 实现代码

在页面的 <script> 元素中，加入如代码清单 5-5 所示的代码。

代码清单 5-5　添加集合对象中的模型

```
var student = Backbone.Model.extend({
    defaults: {
        Code: "",
        Name: "",
        Score: 0
    }
});
var stumodels = [{
    Code: "10101",
    Name: " 刘真真 ",
    Score: 530
}, {
```

```
            Code: "10102",
            Name: "张明基",
            Score: 460
    }, {
            Code: "10103",
            Name: "舒虎",
            Score: 660
    }, {
            Code: "10104",
            Name: "周小敏",
            Score: 500
    }, {
            Code: "10105",
            Name: "陆明明",
            Score: 300
    }, {
            Code: "10106",
            Name: "占小方",
            Score: 380
    }, {
            Code: "10107",
            Name: "陈天豪",
            Score: 720
    }];
    var newmodels = [{
            Code: "10108",
            Name: "李煜",
            Score: 570
    }, {
            Code: "10109",
            Name: "钟舒畅",
            Score: 460
    }, {
            Code: "10110",
            Name: "佟明月",
            Score: 680
    }];
    var stus = new Backbone.Collection(stumodels, {
            model: student
    });
    // 在头部位置插入模型对象
    stus.unshift(newmodels[1]);
    // 在索引号为 5 的位置插入模型对象
    stus.add(newmodels[0], { at: 5 });
    // 在尾部位置插入模型对象
    stus.push(newmodels[2]);
    // 重新输出全部的模型对象
    for (var i = 0; i < stus.models.length; i++) {
            console.log(stus.models[i].toJSON());
    }
```

3. 页面效果

最终在 Chrome 浏览器控制台输出效果如图 5-4 所示。

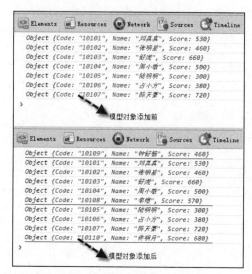

图 5-4　移出集合对象中的模型

4. 源码分析

从图 5-4 中可以看出，有下画线的数据都是新添加的。首先，使用 unshift 方法在头部位置插入模型对象时，便添加了 Code 属性值为 10109 的模型对象；然后集合对象 stus 内部重置索引号，当使用调用 add 方法在集合对象索引号为 5 的位置插入模型对象，则添加 Code 属性值为 10108 的模型对象；最后，调用集合对象的 push 方法向模型对象的尾部位置插入模型对象时，便添加 Code 属性值为 10110 的模型对象。

5.2.3　查找集合对象中的模型

上节介绍了如何在集合对象中删除和添加模型对象的方法，除此之外，还可以通过集合类中提供的 get、at、findWhere、where 方法，查找集合中的一个或多个模型对象，接下来详细地介绍这些方法的使用过程。

1）get 方法的功能是通过指定的 ID 号获取集合中的某一个模型对象，它的调用格式如下。

```
obj.get(id)
```

其中，obj 为实例化后的集合对象，参数 ID 为模型对象在产生时的唯一标志，也是用于与服务器保持同步的唯一编号，它的正式名称为小写的 ID，如果在构建模型对象类中，没有该属性，也可以通过 idAttribute 属性值指定其他数字类型的属性为 id 标志，一旦某属性被指定为 id 标志，它将过滤重复的属性值，不能增加与该属性值相同的模型对象。

2）at 方法的功能是通过指定的索引号获取集合中的某一个模型对象，它的调用格式如下。

```
obj.at(index)
```

其中，obj 为实例化后的集合对象，参数 index 为集合对象中模型数据的索引号，该索引号以 0 开始，最大值为 obj.models.length-1。

3）findWhere 方法的功能是查找与属性名称和属性值相匹配的第一个模型对象，调用格式如下。

```
obj.findWhere(attrs)
```

其中，除了 obj 为实例化后的集合对象外，参数 attrs 为 key/value 形式的属性值对象，atts 参数只能添加一个组 key/value 形式的属性值，多组属性值以最后一组为准。

4）where 方法的功能是查找与属性名称和属性值相匹配的第一个模型或多个模型对象。与 findWhere 方法相比，通过新增加的参数可以决定它查找时返回的对象模型数量，调用格式如下。

```
obj.where(attrs, first)
```

其中，参数 attrs 与 findWhere 方法的使用说明相同。而新增加的 first 参数是一个布尔类型的值，当该参数为 true 时，表示返回与属性名称和属性值相匹配的第一个模型对象，这时的功能与 findWhere 方法相同；而当该参数为 false 时，表示返回与属性名称和属性值相匹配的全部模型对象是一个数组集合。

示例 5-6　查找集合对象中的模型

1. 功能描述

首先，以 JSON 格式输出集合中全部模型对象的内容，作为接下来查询操作的参考数据。然后，开始查询模型对象时，分别调用 get、at、findWhere、where 方法获取查询后的模型对象，并保存在不同变量中。最后，在浏览器的控制台分别以 JSON 格式输出这些变量的内容。

2. 实现代码

在页面的 <script> 元素中，加入如代码清单 5-6 所示的代码。

代码清单 5-6　查找集合对象中的模型

```
var student = Backbone.Model.extend({
    defaults: {
        Code: "",
        Name: "",
        Score: 0
    },
    idAttribute: "Code"
});
var stumodels = [{
    Code: "10101",
    Name: " 刘真真 ",
    Score: 530
}, {
    Code: "10102",
    Name: " 张明基 ",
```

```
        Score: 660
    }, {
        Code: "10103",
        Name: " 舒虎 ",
        Score: 660
    }, {
        Code: "10104",
        Name: " 周小敏 ",
        Score: 500
    }, {
        Code: "10105",
        Name: " 陆明明 ",
        Score: 300
    }, {
        Code: "10106",
        Name: " 占小方 ",
        Score: 380
    }, {
        Code: "10107",
        Name: " 陈天豪 ",
        Score: 720
    }];
    // 输出全部的模型对象
    for (var i = 0; i < stus.models.length; i++) {
        console.log(stus.models[i].toJSON());
    }
    console.log("--------------- 查询结果 ---------------");
    // 查找 ID 号为 10106 的对象模型
    var find_id_model = stus.get(10106);
    // 查找索引号为 6 的对象模型
    var find_at_model = stus.at(6);
    // 查找与属性名称和值相匹配的对象模型
    var find_0_model = stus.findWhere({
        Score: 660
    });
    var find_1_model = stus.where({
        Score: 660
    },true);
    var find_2_model = stus.where({
        Score: 660
    }, false);
    // 以对象的形式输出模型内容
    console.log(find_id_model.toJSON());
    console.log(find_at_model.toJSON());
    console.log(find_0_model.toJSON());
    console.log(find_1_model.toJSON());
    for (var i = 0; i < find_2_model.length; i++) {
        console.log(find_2_model[i].toJSON());
    }
```

3. 页面效果

最终在 Chrome 浏览器控制台输出效果如图 5-5 所示。

图 5-5　查找集合对象中的模型

4. 源码分析

首先使用集合对象的 get 方法查找集合对象中 ID 号为 10106 的模型对象。在模型类中通过 idAttribute 将 Code 属性指定为 ID 号属性，因此 get 方法将查找 Code 属性值为 10106 的模型对象，执行效果如图 5-5 中查询结果区域的第一行所示。

然后，使用集合对象的 at 方法查找集合对象中索引号为 6 模型对象，由于索引号是从 0 开始的，因此该方法将获取 Code 属性值为 10107 的模型对象，执行效果如图 5-5 中查询结果区域的第二行所示。

最后，使用集合对象的 where 方法匹配与给定属性名称和值相同的对象，尽管有两个对象的 Score 属性值为 660，但由于 where 方法仅返回首个与给定条件相匹配的对象，因此，该方法将获取首个模型对象，即 Code 属性值为 10102 的模型对象，执行效果如图 5-5 中查询结果区域的第三行所示。

集合对象两次调用 findWhere 方法匹配与给定属性名称和值相同的对象。第一次调用时，将方法的第二次参数设置为 true，表示只获取相匹配的首个模型对象，因此返回 Code 属性值为 10102 的模型对象，执行效果如图 5-5 中输出查询结果区域的第四行所示。

第二次调用时，将方法的第二次参数设置为 false，表示只获取相匹配的首部模型对象，因此，通过遍历这个保存查询结果的变量 find_2_model，并以 JSON 格式输出全部的模型对象内容，执行效果如图 5-5 中查询结果区域的第五、六行所示。

5.2.4　集合中模型对象的排序

在上一节中介绍了如何查询集合中的模型对象，此外，集合类还提供了对集合中模型对象排序的功能，只需要调用 sort 方法，其调用格式如下。

```
obj.sort(options)
```

其中，obj 为实例化后的集合对象，options 参数为排序过程中的配置对象，在该对象中可以设置 silent 等属性。在集合对象调用 sort 方法之前，必须在实例化集合对象时添加一个名为 "comparator" 的方法。如果不添加该方法，可调用 sort，则提示 "Cannot sort a set without a comparator"异常信息。

在添加 comparator 方法时，需要设置两个参数 model_1 和 model_2，分别对应两个相邻的模型对象。通过两个模型对象的排序属性值的比较，设置按该属性名称排序的顺序。如果按升序排列，当前者大于后者时，返回 1 值；如果按降序排列，当前者大于后者时，返回 0 值；当调用集合对象执行 sort 方法功能时，则按该返回值进行排序。

集合对象的 sort 方法功能十分强大，全部的排序操作都是自动完成的，且无论是新增或移除集合中的任意模型对象后，该方法又将自动被调用，对集合中的全部模型对象又将按照排序规则进行重新排序，以确定排序的延续性。接下来通过一个简单的示例来介绍该方法的使用过程。

示例 5-7 集合中模型对象的排序

1. 功能描述

首先，实例化集合对象 stus 时定义 comparator 方法，在该方法中，设定集合中模型对象按 Score 属性值的降序排列。然后，调用集合对象的 sort 方法进行排序，并将排序后的全部模型对象以 JSON 格式输出至浏览器的控制台中。最后，调用集合对象的 remove 方法先移除集合中索引号为 3 的模型对象，再调用 add 方法添加一个模型对象。经过这两次操作之后，再次将排序后的全部模型对象以 JSON 格式输出至浏览器的控制台中。

2. 实现代码

在页面的 <script> 元素中，加入如代码清单 5-7 所示的代码。

代码清单 5-7　集合中模型对象的排序

```
var student = Backbone.Model.extend({
    defaults: {
        Code: "",
        Name: "",
        Score: 0
    },
    idAttribute: "Code"
});
var stumodels = [{
    Code: "10101",
    Name: "刘真真",
    Score: 530
}, {
    Code: "10102",
    Name: "张明基",
    Score: 660
}, {
    Code: "10103",
    Name: "舒虎",
    Score: 660
}, {
    Code: "10104",
    Name: "周小敏",
    Score: 500
```

```
}, {
    Code: "10105",
    Name: " 陆明明 ",
    Score: 300
}, {
    Code: "10106",
    Name: " 占小方 ",
    Score: 380
}, {
    Code: "10107",
    Name: " 陈天豪 ",
    Score: 720
}];
var stus = new Backbone.Collection(stumodels, {
    model: student,
    comparator: function (model_1, model_2) {
        var intcomp = model_1.get('Score') >
                        model_2.get('Score');
        return intcomp ? 0 : 1;
    }
});
stus.sort();
// 增加和删除模型前排序输出全部的模型对象
for (var i = 0; i < stus.models.length; i++) {
    console.log(stus.models[i].toJSON());
}
stus.remove(stus.models[3]);
stus.add({
    Code: "10108",
    Name: " 李煜 ",
    Score: 570
});
console.log("---------------- 排序结果 ----------------");
// 增加和删除模型前排序后输出全部的模型对象
for (var i = 0; i < stus.models.length; i++) {
    console.log(stus.models[i].toJSON());
}
```

3. 页面效果

最终在 Chrome 浏览器控制台输出效果如图 5-6 所示。

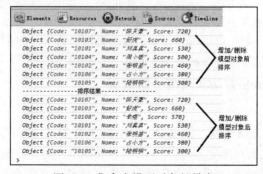

图 5-6　集合中模型对象的排序

4. 源码分析

从图 5-6 中可以看出，无论是删除集合中索引号为 3 的模型对象，还是向集合中添加一个新的模型对象，首次排序的规则依然不变化。当集合对象在删除或增加一个模型对象时，会自动再次调用排序规则的 comparator 方法，重新按既定的规则进行模型排列，执行效果如图 5-6 中排序结果区域所示。

注意

集合对象的 sort 方法功能虽然强大，但在使用过程中需要注意两个问题。

第一是执行效率，由于每一次的集合模型对象变化都会引发重新排序，如果展示的集合对象数量很大，这种排序时的执行效率将会很慢，建议这个方法不针对大量模型对象。

第二是屏蔽其他按位置插入或删除模型对象的功能，即如果调用了集合对象中的 sort 方法，前面小节中所介绍的按 at 属性值插入或删除模型对象的功能将会无效。

5.3　与服务器交互集合中模型对象

在 Backbone 中，集合中的模型对象与上一章中的模型对象一样，都可以调用内部提供的方法与服务器进行交互。集合类中提供了 fetch 和 create 两个方法与服务器进行数据交互，fetch 方法用于从服务器接口获取集合对象初始化的数据，create 方法用于将创建好的集合对象中的全部模型对象数据发送到服务器，完成数据同步的功能。

5.3.1　调用 fetch 方法获取服务器数据

与数据模型对象类似，集合对象也可以通过调用本身类中提供的 fetch 方法与服务器进行交互，获取服务器返回的数据，其调用格式如下所示。

```
obj.fetch(options)
```

其中，参数 obj 为集合对象，options 为与服务器进行交互过程的配置对象。在该对象中，可以添加 success 方法，表示当与服务器交互成功后将会调用该方法。此外，当集合对象与服务器的数据交互成功，即调用了自定义的 success 方法时，还会触发集合对象的 reset 事件。但该事件不会自动触发，需要在 fetch 方法的 options 对象中将 reset 属性值设置为 true，否则不会触发。在该事件中，可以进一步对获取的数据进行下一步的操作，例如显示在页面或进行存储。接下来通过一个简单的示例介绍该方法的使用过程。

示例 5-8　调用 fetch 方法获取服务器数据

1. 功能描述

首先，采用 extend 方法构建一个名为 stulist 的集合类，并在该类的构造函数 initialize 中，使用 on 方法绑定类别对象的 reset 事件。当触发该事件时，将遍历传回的数据集合，并以 JSON 格式在浏览器的控制台输出全部模型对象。此外，在集合类中设置 url 属性，用于设置与服务器请求时的路径。

然后，实例化一个名为 stus 的集合对象，并调用 fetch 方法与服务器进行数据交互，在调用 fetch 方法过程中，为了能够在成功获取服务器数据时触发 reset 事件，必须将 reset 属性值设置为 true。此外，添加 success 方法，当成功获取服务器数据时，将会执行该方法中的代码将获取的数据进行遍历，并以 JSON 格式的方式输出全部的模型对象。

2. 实现代码

在页面的 <script> 元素中，加入如代码清单 5-8 所示的代码。

代码清单 5-8　调用 fetch 方法获取服务器数据

```
var student = Backbone.Model.extend({
    defaults: {
        Code: "",
        Name: "",
        Score: 0
    }
});
var stulist = Backbone.Collection.extend({
    initialize: function () {
        console.log("-----reset 事件触发 ------");
        this.on("reset", function (render) {
            for (var i = 0; i < render.models.length; i++) {
                console.log(render.models[i].toJSON());
            }
        });
    },
    model: student,
    url: "/Ch5/api/fetch.php"
});
var stus = new stulist();
stus.fetch({
    reset: true,
    success: function (collection, resp, options) {
        console.log("----- 请求成功时触发 ------");
        for (var i = 0; i < collection.models.length; i++) {
            console.log(collection.models[i].toJSON());
        }
    }
});
```

fetch.php 文件的功能是定义一个 JSON 格式的数据，当客户端请求时向客户端返回该数据，fetch.php 文件的代码如下。

```
<?php
$stulist = array (
    array("Code" => "10101", "Name" => " 刘真真 ", "Score" => "530"),
    array("Code" => "10102", "Name" => " 张明基 ", "Score" => "460"),
    array("Code" => "10103", "Name" => " 舒虎 ", "Score" => "660"),
    array("Code" => "10104", "Name" => " 周小敏 ", "Score" => "500"),
    array("Code" => "10105", "Name" => " 陆明明 ", "Score" => "300"),
);
```

```
echo json_encode($stulist);
?>
```

3. 页面效果

最终在 Chrome 浏览器控制台输出效果如图 5-7 所示。

图 5-7 调用 fetch 方法从服务器获取数据

4. 源码分析

从图 5-7 中可以看出，当集合对象通过定义的服务器请求接口 url 属性值获取数据时，如果在 fetch() 方法中将 reset 属性值设为 true，当数据获取成功时，会优先触发已绑定的 reset 事件。在该事件中，通过返回的集合对象参数，可以获取服务器中全部的模型对象数据；当完成 reset 事件触发之后，再执行 success 方法中的代码，在该方法中，同样也可以返回的对象参数，获取服务器中的模型对象数据。

5.3.2 调用 create 方法与服务器同步数据

在 Backbone 中，集合对象的 create 方法与模型对象的 save 方法相似，都是向服务器发送模型对象，进行数据同步操作。而集合对象在调用 create 方法时，先根据对象本身所依附的模型类新建一个模型对象，当与服务器数据同步成功后，再将该新建的模型对象添加至集合对象中。create 方法的调用格式如下所示。

```
obj.create(model, options)
```

其中，参数 obj 为集合对象，model 参数为发送给服务器的模型对象，参数 options 则为发送时的方法配置对象。

在集合对象调用 create 方法过程中，会使用 POST 和 PUT 两种 Request Method 方法向服务器发送数据，前者表示创建模型对象，后者则为修改模型对象。此外，集合对象调用 create 方法后，如果绑定集合对象的 add 事件，还会自动触发该事件。

另外，在集合对象调用 create 方法时，可以通过方法的配置对象设置一些与发送相关的属性，如添加 success 方法和 wait、silent 属性，用于控制客户端在与服务器同步过程中的一些操作。此外，当集合对象调用 create 方法向服务器发送数据时，会通过模型内部的 isNew 方法检测数据是否是新建还是更新，如果是新建，会使用 POST 方式，否则使用 PUT 方式。

接下来分别进行说明。

示例 5-9 POST 和 PUT 方式发送数据

1. 功能描述

首先定一个名为 student 的模型类，使用 defaults 属性设置默认的属性项。然后使用 extend 方式定义一个名为 stulist 的集合类，在定义集合类时，使用 model 属性设置所依附模型类的名称，url 属性设置与服务器同步数据的地址。最后实例化一个名为 stus 的集合对象，调用该对象的 create 方法向服务器发送模型对象，进行数据同步。

2. 实现代码

在页面的 <script> 元素中，加入如代码清单 5-9 所示的代码。

代码清单 5-9 POST 和 PUT 方式发送数据

```
var student = Backbone.Model.extend({
    defaults: {
        Code: "10001",
        Name: " 张三 ",
        Score: 100
    }
});
var stulist = Backbone.Collection.extend({
    model: student,
    url: "/Ch5/api/create.php"
});
var stus = new stulist();
stus.create({
    Code: "10107",
    Name: " 陶国荣 ",
    Score: 750
});
```

服务器的数据接收页 create.php 是一个 PHP 文件，功能是声明接收数据的格式，获取发送的数据，向客户端返回成数据保存标志，create.php 文件的代码如下。

```
<?php
    // 设置接收数据的格式
    header('Content-Type: application/json; charset=utf-8');
    // 获取客户端发送来的数据
    $data = json_decode(file_get_contents("php://input"));
    /*
    获取各个属性值，保存至服务器中
    ...
    */
    // 返回更新成功的标志
    die(json_encode(array('code'=>'206')));
?>
```

3. 页面效果

最终在 Firefox 浏览器控制台输出对比效果如图 5-8 所示。

图 5-8　调用 create 方法以 POST 方式向服务器发送数据

4. 源码分析

从图 5-8 中可以看出，当客户端以 POST 方式向服务器发送模型对象时，服务器成功返回 200，表示请求成功，也成功向客户端返回了 JSON 格式的 code 值。由于本次客户端在发送对象模型时并未指定模型的 ID 号，则以 POST 方式向服务器发送数据，表示创建模型对象。如果在发送数据时指定了模型 ID 号，则将以 PUT 方式向服务器发送数据。将示例 5-8 的模型类进行如下代码修改。

```
var student = Backbone.Model.extend({
    defaults: {
        Code: "10001",
        Name: " 张三 ",
        Score: 100
    },
    idAttribute: "Code"
});
... 省略部分代码
```

上述代码中在定义模型类时，通过 idAttribute 指定模型的 ID 号属性名称为 Code，因此，在调用集合对象的 create 方法创建并发送模型对象时将携带 ID 号，即 Code 属性值一并发送。此时，发送的方式为 PUT，表示更新模型对象。最终在 Firefox 浏览器控制台输出对比效果如图 5-9 所示。

图 5-9　调用 create 方法以 PUT 方式向服务器发送数据

从图 5-9 中可以看出，当使用 PUT 方式向服务器发送数据时，请求的 URL 地址后面自动添加发送的模型对象的 ID 号，此时的数据发送请求为更新模型对象。

☞提示

无论使用哪种方法向服务器发送数据，都会将已同步的模型对象数据添加到集合对象中。因为在调用集合对象的 create 方法时，如果绑定集合对象的 add 事件，将会自动触发。在该事件中，可以在通过调用集合对象，查看全部已发送的模型对象数据。

示例 5-10 触发集合的 add 事件

1. 功能描述

在本示例中，当定义集合类时，在构造函数中绑定名为 "add" 的添加模型对象事件，当集合对象在添加模型对象时，将会触发该事件。在该事件中，将在浏览器的控制台以 JSON 格式输出添加的模型对象内容。

2. 实现代码

在页面的 <script> 元素中，加入如代码清单 5-10 所示的代码。

代码清单 5-10 触发集合的 add 事件

```
var student = Backbone.Model.extend({
    defaults: {
        Code: "10001",
        Name: "张三",
        Score: 100
    },
    idAttribute: "Code"
});
var stulist = Backbone.Collection.extend({
    initialize: function () {
        // 初始化时监听对象添加事件
        this.on("add", function (model, response, options) {
            console.log(stus.models[0].toJSON());
        });
    },
    model: student,
    url: "/Ch5/api/create.php"
});
var stus = new stulist();
stus.create({
    Code: "10107",
    Name: "陶国荣",
    Score: 750
});
```

3. 页面效果

最终在 Firefox 浏览器控制台输出对比效果如图 5-10 所示。

图 5-10 触发集合对象的 add 事件

4. 源码分析

当集合对象 stus 调用 create 方法完成与服务器数据交互之后，由于向集合对象 stus 自动添加了与服务器同步的模型对象，触发绑定的 add 集合对象事件根据返回的 model 参数，

获取已发送的模型对象，并以 JSON 的格式在浏览器的控制台中输出。详细效果见图 5-10
中第一行的输出内容。

在前面提到过，当一个集合对象在通过调用 create 方法完成与服务器数据同步之后，默
认情况下，会自动将已同步后的模型对象添加到这个集合对象中，但也可以通过设置 create
方法中配置对象（options）的属性值来改变这个默认流程。

当调用 create 方法并将配置对象的 wait 属性值设为 true 时，表示只有当客户端与服务
器数据成功完成数据同步之后，才能将发送的模型对象添加至集合对象中。如果将 wait 属
性值设为 false 或不添加该属性时，则直接将发送的模型对象添加至集合对象中。

此外，当 silent 属性值设置为 true 时，表示不管客户端与服务器是否成功完成同步数据
的操作，都会将发送的模型对象添加至集合对象中。如果将 silent 属性值设为 false 或不添
加该属性时，只有当客户端与服务成功完成数据同步后，才会将发送的模型对象添加至集合
对象中。

示例 5-11　设置 wait 和 silent 属性

1. 功能描述

本示例与示例 5-10 相比，首先修改集合类中 url 属性，将该属性值修改为一个不能正常
请求的 URL 地址。其次，在集合对象调用的 create 方法中，通过第二个参数——配置对象
添加 wait 属性和 success 方法，并将 wait 属性值设置为 true，在 success 方法中，将服务器
返回的 JSON 格式值输出至浏览器的控制台中。如果不添加 wait 属性项或将 wait 属性值设
置为 false 时，浏览器控制台输出的结果又不相同。

2. 实现代码

在页面的 <script> 元素中，加入如代码清单 5-11 所示的代码。

代码清单 5-11　设置 wait 和 silent 属性

```
var student = Backbone.Model.extend({
    defaults: {
        Code: "10001",
        Name: " 张三 ",
        Score: 100
    },
    idAttribute: "Code"
});
var stulist = Backbone.Collection.extend({
    initialize: function () {
        // 初始化时监听对象添加事件
        this.on("add", function (model, response, options) {
            console.log(stus.models[0].toJSON());
        });
    },
    model: student,
    url: "/Ch5/api/create2.php"
});
var stus = new stulist();
```

```
stus.create({
    Code: "10107",
    Name: "陶国荣",
    Score: 750
},{
    wait: true,
    success: function (model, response, options) {
        console.log(response.changed.code);
    }
});
```

3. 页面效果

最终在 Firefox 浏览器控制台输出对比效果如图 5-11 所示。

图 5-11　使用 create 方法时设置 wait 属性

4. 源码分析

由于与服务器的数据同步地址异常，无法完成客户端与服务器的数据同步操作，因此浏览器返回 404 代码。此外，在调用 create 方法时，通过配置对象添加了 wait 属性，并将该属性值设置为 true，表示只有当客户端与服务器成功完成数据同步之后，才会将同步的模型对象数据添加至集合对象中。因此，同步数据异常时进行数据添加，也不会触绑定的集合对象 add 事件，效果如图 5-11 所示。

集合对象在调用 create 方法时，不添加 wait 属性或将该属性的值设置为 false 时，表示不管客户端与服务器的数据同步操作是否成功，都会将同步的模型对象数据添加至集合对象中。因此，将触发绑定的集合对象 add 事件，在浏览器的控制台中输出同步的模型对象，效果如图 5-11 所示。

除了在 create 方法的配置对象中添加 wait 属性外，还可以添加 silent 属性，但它们的作用正好相反。如果添加 silent 属性并将该属性值设置为 true，属于静默式同步，不需要客户端与服务器数据同步成功，就可以向集合对象添加模型数据，与不添加 wait 属性或将该属性的值设置为 false 时的效果一样。

此外，当集合对象调用 create 方法并成功与服务器同步数据时，将会执行配置对象中添加的 success 方法。在该方法中，可以通过返回的 changed 对象获取服务器传回的 code 值，完整实现的方法见本示例的代码部分。

5.4 本章小结

在 Backbone 中，集合也是一个非常重要的概念。本章首先介绍如何构建一个集合类，由浅入深地介绍了集合对象的创建方式和添加、删除集合中模型对象的方法与技巧。然后通过一个个简单易学的示例介绍在集合对象中查找、排序模型对象的方法。最后介绍集合对象与服务器进行数据获取与同步的方法。通过本章节的学习，能为真正构建一个强大的 MVC 前端框架打下扎实的理论基础和实践方法。

第 6 章

视　图

在前面的章节中所介绍的模型（Model）和集合（Collection），严格来说，它们都属于底层的数据处理，真正与页面交互的是本章介绍的视图（View），它的核心功能就是处理数据业务逻辑、绑定 DOM 元素事件、渲染模型或集合数据。相对于模型和集合类而言，视图的学习更为简单，可扩展的更强，接下来详细介绍视图。

6.1　视图基础

与模型和集合对象相类似，在定义一个视图对象之前，需要构建一个视图类。在构建类时，可以设置 el 属性关联 DOM 中的元素；也可以指定与视图相关的模型或集合类名，实现各个类之间对象的数据互访问，下面逐一进行详细的介绍。

6.1.1　定义视图对象

定义一个视图对象的方法十分简单，先通过 extend 方法构建一个视图类，再通过关键字 new 的方法实例化视图对象，在对象中可以调用视图类中的方法。定义过程如下代码所示。

```
var testview = Backbone.View.extend({
    // 构建类的逻辑结构
    ...
});
// 根据构建的类实例化一个 test 视图对象
var test = new testview();
```

在上述代码中，先构建一个名为 testview 的视图类，然后以实例化的方式定义一个名为 test 的视图对象，这是定义视图对象最基本的框架。因为视图的主要功能是将数据渲染至页面中，因此，在视图中必须能访问 DOM 元素，而要实现这一要求，只需要在构建视图类时添加 DOM 元素属性即可。接下来通过一个简单示例来进行介绍。

示例 6-1　通过视图对象添加 DOM 元素

1. 功能描述

通过定义的视图对象添加一个 DOM 元素，并设置该元素的类别名称。当在浏览器中执行该页面时，将在页面中显示"backbone 是构建前端 MVC 的利器"字样。

2. 实现代码

新建一个 HTML 文件 6-1.html，加入如代码清单 6-1 所示的代码。

代码清单 6-1　通过视图对象添加 DOM 元素

```html
<!DOCTYPE html PUBLIC "-//W3C//DTD XHTML 1.0 Transitional//EN"
"http://www.w3.org/TR/xhtml1/DTD/xhtml1-transitional.dtd">
<html xmlns="http://www.w3.org/1999/xhtml">
<head>
    <title> 通过视图对象添加 DOM 元素 </title>
    <script src="Js/jquery-1.8.2.min.js"
            type="text/javascript"></script>
    <script src="Js/underscore-min.js"
            type="text/javascript"></script>
    <script src="Js/backbone-min.js"
            type="text/javascript"></script>
    <style type="text/css">
        .cls_6
        {
            font-size: 12px;
        }
    </style>
</head>
<body>
</body>
<script type="text/javascript">
    var testview = Backbone.View.extend({
        id: 'show',
        className: 'cls_6',
        render: function (content) {
            this.el.innerHTML = content;
            document.body.appendChild(this.el);
        }
    });
    var test = new testview();
    test.render("backbone 是构建前端 MVC 的利器 ");
</script>
</html>
```

3. 页面效果

代码执行后的页面效果如图 6-1 所示。

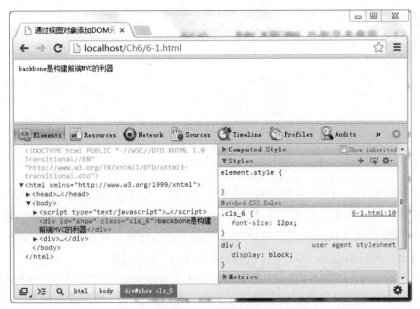

图 6-1　通过视图对象添加 DOM 元素

4. 源码分析

在上述页面文件的 JavaScript 代码中，为了动态创建一个 DOM 元素，首先定义 id 和 className 属性，分别对应元素的 ID 和样式属性名称。这些属性还包括 tagName 和 attributes，前者为新元素的名称，如果不设置，则为 div 元素；后者则是一个对象，它可以该元素的其他属性值，这些新设置的属性都会在元素添加时一起生效，代码如下。

```
... 省略部分代码
attributes : {
    title : '测试',
    style : 'border:solid 1px #555'
}
... 省略部分代码
```

为了能动态设置新添加元素中显示的内容，需要重载视图类提供的 render 函数。在重载过程中重新渲染视图中的内容，将内容参数 content 作为新添加元素 this.el 的 innerHTML 属性值，即设置元素显示的内容，并调用 append 方法将新添元素追加到 body 元素中。

最后，当实例化一个名为 test 的视图对象，并调用对象的 render 方法重载对象内容时，将向页面的 body 元素添加一个设定了内容的 div 元素，页面效果如图 6-1 所示。

上述示例演示的是动态增加一个 DOM 元素，并将该元素追加至页面中，其实也可以通过在构建视图类时设置 el 属性访问页面中的元素，再通过 render 方法设置元素中显示的内容。如果采用这种方法实现示例 6-1 中的功能，修改代码如下。

```
... 省略部分代码
<body>
```

```
        <div id="show" class="cls_6"></div>
    </body>
    <script type="text/javascript">
        var testview = Backbone.View.extend({
            el: '#show',
            render: function (content) {
                this.el.innerHTML = content;
            }
        });
        var test = new testview();
        test.render("backbone 是构建前端 MVC 的利器 ");
    </script>
    </html>
```

上述代码相对于示例 6-1 首次编写的代码更简洁，它通过设置 el 属性值指定视图对象在元素中对应的 DOM 元素。视图中 el 属性值是一个字符串形式的元素选择器，在实例化过程中，视图内部会通过该选择器获取指定的 DOM 元素对象，并重新保存至 el 属性中。因此在视图内部，可以通过 this.el 的方式访问这个 DOM 元素对象。

每个视图都会有一个 el 属性，用来获取 DOM 元素对象。通常情况下，视图对象的全部操作都应在这个元素对象内进行，这样便于页面的整体渲染和子集元素的操作。如果没有设置该属性，框架会自动生成一个空值的 div 元素，并将该元素对象设置为 el 属性值。

6.1.2　视图对象访问模型对象

严格来说，视图对象通常是接收集合对象返回的数据集，并将数据在页面中进行渲染，并不直接访问模型对象。但是，也能直接访问模型对象，实现的方式是：在实例化视图对象时，通过设置 model 属性值与需要访问的模型对象进行关联，关联之后，在视图类的内部能以 this.model 的方式进行访问。接下来通过一个简单示例进行介绍。

示例 6-2　视图对象访问模型对象

1. 功能描述

通过定义的视图对象，获取一个实例化模型对象的全部内容值，并将该值以字符的形式显示在页面指定的元素中。

2. 实现代码

新建一个 HTML 文件 6-2.html，加入如代码清单 6-2 所示的代码。

代码清单 6-2　视图对象访问模型对象

```
<!DOCTYPE html PUBLIC "-//W3C//DTD XHTML 1.0 Transitional//EN"
"http://www.w3.org/TR/xhtml1/DTD/xhtml1-transitional.dtd">
<html xmlns="http://www.w3.org/1999/xhtml">
<head>
    <title> 视图对象访问模型对象 </title>
    <script src="Js/jquery-1.8.2.min.js"
            type="text/javascript"></script>
    <script src="Js/underscore-min.js"
            type="text/javascript"></script>
```

```
        <script src="Js/backbone-min.js"
                type="text/javascript"></script>
        <style type="text/css">
            .cls_6
            {
                font-size: 12px;
            }
        </style>
</head>
<body>
        <div id="show" class="cls_6"></div>
</body>
<script type="text/javascript">
        var student = Backbone.Model.extend({
            defaults: {
                Code: "",
                Name: "",
                Score: 0
            }
        });
        var stus = new student({
            Code: "10107",
            Name: "陶国荣",
            Score: 750
        });
        var stusview = Backbone.View.extend({
            el: '#show',
            render: function () {
                this.el.innerHTML = JSON.stringify(this.model);
            }
        });
        var stuv = new stusview({ model: stus });
        stuv.render();
</script>
</html>
```

3. 页面效果

代码执行后的页面效果如图 6-2 所示。

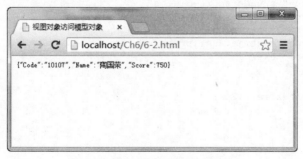

图 6-2　视图对象访问模型对象

4. 源码分析

在本实例的 JavaScript 代码中，首先构建一个 student 模型类，并实例化一个模型对象 stus，用于视图对象的调用。然后，构建一个 stuview 视图类，在构建视图类中，设置 el 属性，并重载 render 方法。在重载过程中，通过 this.model 方式获取关联的模型对象，通过 stringify 方法将模型对象转换成字符串内容，并将内容显示在页面指定的元素中。

最后，为了关联模型对象，在实例化视图对象时一定要添加 model 模型属性，并将该属性的值设置为需要关联的模型对象名称，再调用视图对象的 render 方法，将关联后的模型对象内容显示在页面中，最终实现的页面效果如图 6-2 所示。

6.1.3 视图对象访问集合对象

与访问模型对象类似，也可以通过视图对象直接访问集合对象。实现的方法是：在实例化视图对象时，将 collection 属性值设置为关联的集合对象名，在构建视图类时，可以采用 this.collection 的方式获取被关联集合对象。接下来通过一个简单示例来进行介绍。

示例 6-3　视图对象访问集合对象

1. 功能描述

通过定义的视图对象获取一个实例化集合对象中全部模型数据的内容值，通过遍历的方式将这些值以字符的形式显示在页面指定的元素中。

2. 实现代码

新建一个 HTML 文件 6-3.html，加入如代码清单 6-3 所示的代码。

代码清单 6-3　视图对象访问集合对象

```
<!DOCTYPE html PUBLIC "-//W3C//DTD XHTML 1.0 Transitional//EN"
"http://www.w3.org/TR/xhtml1/DTD/xhtml1-transitional.dtd">
<html xmlns="http://www.w3.org/1999/xhtml">
<head>
    <title> 视图对象访问集合对象 </title>
    <script src="Js/jquery-1.8.2.min.js"
            type="text/javascript"></script>
    <script src="Js/underscore-min.js"
            type="text/javascript"></script>
    <script src="Js/backbone-min.js"
            type="text/javascript"></script>
    <style type="text/css">
        .cls_6
        {
            font-size: 12px;
        }
    </style>
</head>
<body>
    <div id="show" class="cls_6"></div>
</body>
<script type="text/javascript">
```

```
        var stumodels = [{
            Code: "10101",
            Name: " 刘真真 ",
            Score: 530
        }, {
            Code: "10102",
            Name: " 张明基 ",
            Score: 460
        }, {
            Code: "10103",
            Name: " 舒虎 ",
            Score: 660
        }, {
            Code: "10104",
            Name: " 周小敏 ",
            Score: 500
        }, {
            Code: "10105",
            Name: " 陆明明 ",
            Score: 300
        }];
        var stulist = new Backbone.Collection(stumodels);
        var stuview = Backbone.View.extend({
            el: '#show',
            render: function () {
                var curlist = this.collection.models;
                for (var i = 0; i < curlist.length; i++) {
                    this.el.innerHTML += JSON.stringify(curlist[i])
                                    + "</br>";
                }
            }
        });
        var stuv = new stuview({ collection: stulist });
        stuv.render();
</script>
</html>
```

3. 页面效果

代码执行后的页面效果如图 6-3 所示。

图 6-3　视图对象访问集合对象

4. 源码分析

在本示例的 JavaScript 代码中，首先定义一个用于填充集合对象的数组对象 stumodels，再以实例化的形式并将 stumodels 对象作为实参定义一个名为 stulist 集合对象，此时，新定义的集合对象包含了数组对象 stumodels 中全部的数据。

构建集合类时，在重载 render 方法过程中，以 this.collection 方式获取关联的集合对象，并将该对象的 models 属性内容保存在变量 curlist 中，以遍历的方式获取 models 属性中每个模型数据的内容，并以字符的形式显示在页面指定的元素中。

在实例化视图对象 stuv 时添加 collection 属性，并将该属性值设置为已定义的集合对象 stulist，从而实现两个对象的关联。当视图对象 stuv 调用 render 进行重载时，以 this.collection 方式获取的集合对象就是被关联的 stulist 集合对象。

6.2　视图中的模板

在构建视图类中，虽然可以十分方便地访问 DOM 元素，但如果 DOM 元素过多或存在一定的逻辑性，且这些元素不经常变更。要在 JavaScript 代码中拼接这样的 DOM 元素是一件非常复杂的事情，为解决这个问题，可以引入视图中的模板。

视图中的模板分为两个部分：

第一部分是在页面中使用 <script> 元素进行定义。在定义时，只要将 <script> 元素的 type 属性设置为"text/template"，表明该元素包含的代码区域都为模板区。在模板区中，采用 <%= 变量名称 %> 的形式定义变量，并且可以处理业务逻辑。然后，在 JavaScript 代码中通过字典的方式给变量传值。

第二部分是在 JavaScript 代码中，通过 _.template() 函数访问页面中定义的模板内容，当重载模板内容时，可以通过字典的形式向模板中传递变量对应的值。

接下来通过几个完整的示例详细介绍视图中的模板使用方法。

6.2.1　处理逻辑的模板

使用 <script> 元素定义的页面模板区中，在 <%= %> 区域内，"<% %>"表示区别于其他的 HTML 元素的特殊符号，"="表示取值符号，不可缺少。<%= %> 区域内的变量会在调用模板时，被以字典方式传入的对应值所取代，如果是字符内容则原样输出。并且 <%= %> 区域内还支持简单的 JavaScript 语句。接下来通过一个简单示例进行介绍。

示例 6-4　处理逻辑的模板

1. 功能描述

在页面中，使用 <script> 标记定义一个模板区和一个用于显示模板区内容的 <div> 元素。当模板区变量 score 的值大于 600 时，<div> 元素显示"优秀"，否则显示"及格"。

2. 实现代码

新建一个 HTML 文件 6-4.html，加入如代码清单 6-4 所示的代码。

代码清单 6-4　处理逻辑的模板

```
<!DOCTYPE html PUBLIC "-//W3C//DTD XHTML 1.0 Transitional//EN"
"http://www.w3.org/TR/xhtml1/DTD/xhtml1-transitional.dtd">
<html xmlns="http://www.w3.org/1999/xhtml">
<head>
    <title> 处理逻辑的模板 </title>
    <script src="Js/jquery-1.8.2.min.js"
            type="text/javascript"></script>
    <script src="Js/underscore-min.js"
            type="text/javascript"></script>
    <script src="Js/backbone-min.js"
            type="text/javascript"></script>
    <style type="text/css">
            body
            {
                    font-size: 13px;
            }
            div
            {
                    width: 260px;
                    padding: 5px;
            }
    </style>
</head>
<body>
    <div id="score"></div>
    <script type="text/template" id="score-tpl">
        <%= score>600 ? " 优秀 ":" 及格 "%>
    </script>
</body>
<script type="text/javascript">
    var stuview = Backbone.View.extend({
        el: $("#score"),
        initialize: function () {
            this.template = _.template($("#score-tpl").html());
        },
        render: function (pscore) {
            this.$el.html(this.template({ score: pscore }));
        }
    });
    // 实例化一个 view 视图
    var stuv = new stuview();
    stuv.render(600)
</script>
</html>
```

3. 页面效果

代码执行后的页面效果如图 6-4 所示。

图 6-4　不同变量值显示的页面效果

4. 源码分析

在本示例中，首先在页面中定义一个 ID 号为"score"的 <div> 元素，用于显示经过逻辑处理后的模板内容，并使用 <script> 元素定义一个模板。在模型的 <%=　%> 区域中，根据变量 score 的值，显示"优秀"或"及格"字样。

在构建视图类时，将 el 的属性值设置成 ID 号为"score"的 <div> 元素，表明本次的视图操作都在该元素中显示。此外，在视图类的构造函数 initialize 中，调用 _.template() 函数获取指定 ID 号的页面模板中的内容，并将该内容赋予视图本身的 template 属性。这一操作表示页面的模板已与视图类相关联，可以在视图对象的 render 重载方法中，采用 this.template 的方式访问页面中的模板。在访问时，还可以以字典的形式替换模板中对应的变量值。

接下来实例化一个名为"stuv"的视图对象，并调用该对象的 render 方法重载页面中的模板。在重载时，将 600 的值作为实参传给模板中对应的变量 score，并将该变量值与 600 进行比较，返回"及格"字样，最后将该返回的内容显示在 ID 号为"score"的页面元素中。

6.2.2　显示多项内容的模板

上一节中介绍了视图中的模板如何显示有逻辑的变量内容，而在实际的项目开发过程中，视图中的模板常用于显示一些不经常变化、有一定排列格式的多项内容，这些多项内容中的变量命名可以与模型对象的各项属性名称相对应，这样的命名方式便于将获取的模型对象转换成 JSON 格式后直接传递给视图模板中的对应变量，这种方式的代码也更加简洁、安全、高效。接下来通过一个简单示例进行介绍。

示例 6-5　显示多项内容的模板

1. 功能描述

在页面中，使用 <script> 标记定义一个包含多项变量内容的模板区和一个用于显示模板

区内容的 <ul> 元素。当实例化一个视图对象并重载对象的 render 方法时，将获取的模型对象内容直接通过视图中的模板显示在页面的 <ul> 元素中。

2. 实现代码

新建一个 HTML 文件 6-5.html，加入如代码清单 6-5 所示的代码。

代码清单 6-5　显示多项内容的模板

```
<!DOCTYPE html PUBLIC "-//W3C//DTD XHTML 1.0 Transitional//EN"
"http://www.w3.org/TR/xhtml1/DTD/xhtml1-transitional.dtd">
<html xmlns="http://www.w3.org/1999/xhtml">
<head>
    <title> 显示多项内容的模板 </title>
    <script src="Js/jquery-1.8.2.min.js"
            type="text/javascript"></script>
    <script src="Js/underscore-min.js"
            type="text/javascript"></script>
    <script src="Js/backbone-min.js"
            type="text/javascript"></script>
    <style type="text/css">
        body
        {
            font-size: 12px;
        }
        ul
        {
            list-style-type: none;
            padding: 0px;
            margin: 0px;
        }
    </style>
</head>
<body>
    <ul id="ulshowstus"></ul>
    <script type="text/template" id="stus-tpl">
        <li> 编号: <%=Code%></li>
        <li> 姓名: <%=Name%></li>
        <li> 分数: <%=Score%></li>
    </script>
</body>
<script type="text/javascript">
    var student = Backbone.Model.extend({
        defaults: {
            Code: "",
            Name: "",
            Score: 0
        }
    });
    var stus = new student({
        Code: "10107",
        Name: " 陶国荣 ",
        Score: 750
    });
    var stuview = Backbone.View.extend({
        el: $("#ulshowstus"),
```

```
        initialize: function () {
            this.template = _.template($("#stus-tpl").html());
        },
        render: function () {
            this.$el.html(this.template(this.model.toJSON()));
        }
    });
    // 实例化一个 view 视图
    var stuv = new stuview({ model: stus });
    stuv.render();
</script>
</html>
```

3. 页面效果

代码执行后的页面效果如图 6-5 所示。

图 6-5　显示多项内容的模板

4. 源码分析

在本示例代码中，首先在页面中定义一个用于视图传递数据的视图模板 stus-tpl，在该模板中根据显示格式的要求添加 <li> 元素作为子元素项，并以显示模型对象的各属性名称作为在子元素项中的变量名。这种命名方式便于模型对象在 JSON 格式化后直接将数据传递给视图模板中的各个对应变量，操作十分方便。此外，在页面中还定义一个名为 ulshowstus 的 <ul> 元素，用于显示接收数据之后的视图模板内容。

在构建视图类的过程中，声明 el 属性所指定的 DOM 元素对象为 ID 号为 ulshowstus 的 <ul> 元素。在重构函数 initialize 中，将页面中的模板内容赋予视图本身的 template 属性。在视图对象的 render 重载方法中，先将获取的模型对象内容进行 JSON 格式化，再将直接格式化的内容传递给视图模板中。由于变量名称与 JSON 格式化后的 key 值相同，会自动将 key 对应的 value 代替对应的模板变量，并且将完全代替后的 HTML 内容显示在 ID 号为 ulshowstus 的 <ul> 元素中。

在实例化视图对象时，指定该视图对象的模型为 stus，进行视图对象与模型对象间的关联，并通过调用视图对象的 render 方法，将视图模板中代替后的 HTML 内容显示在页面指定 ID 号的元素中，其最终实现的页面效果如图 6-5 所示。

6.2.3 自定义模板变量标记

在页面中使用 <script> 元素添加模板区域之后，默认情况下使用 <%= %> 标记设置模板变量，但在有些使用服务端程序开发的页面中，<%= %> 标记可能会有冲突或不习惯。针对这种情况，开发人员可以调用 Underscore 框架中的 templateSettings 函数，使用正则表达式自定义模板变量的标记。接下来通过一个简单示例进行介绍。

示例 6-6 自定义模板变量标记

1. 功能描述

为了演示修改模板变量标记后的对比效果，将示例 6-5 代码进行修改，调用 templateSettings 函数自定义模板变量标记，其他代码功能保持不变。

2. 实现代码

新建一个 HTML 文件 6-6.html，加入如代码清单 6-6 所示的代码。

代码清单 6-6 自定义模板变量标记

```
<!DOCTYPE html PUBLIC "-//W3C//DTD XHTML 1.0 Transitional//EN"
"http://www.w3.org/TR/xhtml1/DTD/xhtml1-transitional.dtd">
<html xmlns="http://www.w3.org/1999/xhtml">
<head>
    <title> 自定义模板变量标记 </title>
    <script src="Js/jquery-1.8.2.min.js"
            type="text/javascript"></script>
    <script src="Js/underscore-min.js"
            type="text/javascript"></script>
    <script src="Js/backbone-min.js"
            type="text/javascript"></script>
    <style type="text/css">
        body
        {
            font-size: 12px;
        }
        ul
        {
            list-style-type: none;
            padding: 0px;
            margin: 0px;
        }
    </style>
</head>
```

```html
<body>
    <ul id="ulshowstus"></ul>
    <script type="text/template" id="stus-tpl">
        <li>自定义模板变量标记</li>
        <li>编号：{{Code}}</li>
        <li>姓名：{{Name}}</li>
        <li>分数：{{Score}}</li>
    </script>
</body>
<script type="text/javascript">
    _.templateSettings = {
        interpolate: /\{\{(.+?)\}\}/g
    };
    var student = Backbone.Model.extend({
        defaults: {
            Code: "",
            Name: "",
            Score: 0
        }
    });
    var stus = new student({
        Code: "10106",
        Name: "占小方",
        Score: 380
    });
    var stuview = Backbone.View.extend({
        el: $("#ulshowstus"),
        initialize: function () {
            this.template = _.template($("#stus-tpl").html());
        },
        render: function () {
            this.$el.html(this.template(this.model.toJSON()));
        }
    });
    // 实例化一个view视图
    var stuv = new stuview({ model: stus });
    stuv.render();
</script>
</html>
```

3. 页面效果

代码执行后的页面效果如图 6-6 所示。

4. 源码分析

在本示例中，为了实现自定义模板变量标记的功能，在示例 6-5 的基础之上进行了两处修改。

1）在 JavaScript 代码中，添加一个名为 templateSettings 的工具类函数。该函数的功能是设置模板的配置项，其中 interpolate 属性为插入变量值匹配项，如果使用正则表达式修改该项的属性值就可以自定义模板变量的标记，如将该项的属性值设置为 "/\{\{(.+?)\}\}/g" 正则表达式，就可以将默认的 <%= %> 变量标记变为 {{…}}，也可以根据自己的喜好自定义其他的变量标记。

2）在页面代码中，由于重新设置了模板变量标记，在页面模板区添加变量时，必须按照新设定的变量标记格式进行变量的添加，详细见本示例中页面部分加粗代码所示。

其余代码的功能在示例 6-5 中有详细的介绍，不赘述。

图 6-6　自定义模板变量标记

6.3　视图中的元素事件

通过前面章节的学习我们知道，视图对象与页面的交互最为密切，视图类中提供了许多侧重于页面交互的属性或方法，如 el 属性、render 方法等。然而，视图对象与页面的交互远没有这么简单。众所周知，页面的元素不仅可以显示内容，还可以通过事件的触发完成既定的功能，实现人机的交互动态效果。因此，事件也是 DOM 元素是重要的一个特征。

在构建视图类时，可以添加一个 events 属性，该属性的功能是将 DOM 元素与触发的事件和执行事件函数相绑定，事件绑定的格式如下。

```
eventName element:function
```

其中，用冒号（：）分成前后两部分，前部分定义绑定事件的元素和事件名称，中间用空格隔开。参数 eventName 表示绑定事件的名称，它包含任何 DOM 都支持的事件，如 click、change 等；element 参数表示获取绑定元素的选择器，它支持各类的方式获取元素，如按类别、ID 号、元素标签获取。function 参数表示事件触发时执行的处理函数，该函数通常为在视图内部已定义好的方法。

视图的 events 属性声明的是一个 DOM 元素事件列表，多个元素的绑定事件可以使用逗号隔开，只要在事件列表中进行元素事件的绑定声明。在实例化视图对象时，新创建的视图对象将会自动分析 events 属性值中的事件列表。根据 element 参数获取 DOM 元素对象，自动绑定元素事件名称和事件触发时执行的对应处理函数。接下来通过完整的示例详细介绍在视图中元素事件的概念。

6.3.1　视图中简单事件绑定

通过前面的介绍我们知道，在视图中绑定一个元素的事件非常简单，只要在 events 属性值中按规则声明就可以。在声明之前，必须确保事件绑定的页面元素和事件触发时执行的处理函数存在即可。接下来通过一个简单示例进行介绍。

示例 6-7　视图中简单事件绑定

1. 功能描述

在页面浏览时，以实例化的方式创建一个视图对象，调用对象的 render 重载方法向页面的 <body> 元素中追加一个 <div> 元素，并在 <div> 元素中显示" backbone 是构建前端 MVC 的利器"字样，当单击 <div> 元素时，自身的样式也会发生变化。

2. 实现代码

新建一个 HTML 文件 6-7.html，加入如代码清单 6-7 所示的代码。

代码清单 6-7　视图中简单事件绑定

```
<!DOCTYPE html PUBLIC "-//W3C//DTD XHTML 1.0 Transitional//EN"
"http://www.w3.org/TR/xhtml1/DTD/xhtml1-transitional.dtd">
<html xmlns="http://www.w3.org/1999/xhtml">
<head>
    <title> 视图中简单事件绑定 </title>
    <script src="Js/jquery-1.8.2.min.js"
            type="text/javascript"></script>
    <script src="Js/underscore-min.js"
            type="text/javascript"></script>
    <script src="Js/backbone-min.js"
            type="text/javascript"></script>
    <style type="text/css">
        body
        {
            font-size: 13px;
        }
        div
        {
            width: 260px;
            text-align: center;
            padding: 5px;
        }
        .changed
        {
            border: solid 1px #555;
        }
```

```
            </style>
    </head>
    <body></body>
    <script type="text/javascript">
        var stuview = Backbone.View.extend({
            el: $("body"),
            initialize: function () {
                this.render();
            },
            render: function () {
                this.$el.append('<div id="backbone">
                backbone 是构建前端 MVC 的利器 </div>');
            },
            events: {
                'click div#backbone': 'togcls'
            },
            togcls: function () {
                $("#backbone").toggleClass("changed");
            }
        });
        // 实例化一个 view 视图
        var stuv = new stuview();
    </script>
    </html>
```

3. 页面效果

代码执行后的页面效果如图 6-7 所示。

图 6-7　视图中简单事件绑定

4. 源码分析

在本示例的 JavaScript 代码中，首先构建视图类时，通过 el 属性绑定页面中的 DOM 元素，在构建函数 initialize 中，调用已定义的 render 方法。该函数在实例化视图对象时自动执行，因此，当一个视图对象完成实例化后，在执行 initialize 函数代码时就已调用了 render

方法。

为了绑定 DOM 元素中的事件，在构建视图类时添加 events 属性，在该属性值中根据视图事件绑定的规则，声明 ID 号为 backbone 的 <div> 元素在 click 事件中执行 togcls 处理函数。在执行视图对象的 render 方法时，将 <div> 元素追加至 <body> 元素中，在 togcls 自定义函数中，便可以按 ID 号获取该元素对象，并调用对象的 toggleClass 方法切换自身样式。

最后，实例化一个名为 stuv 的视图对象，这一操作将触发构建函数 initialize 的调用，自动执行视图对象 render 方法中的代码，向 <body> 元素中添加 <div> 元素，并自动解析 events 属性中声明的事件列表。通过选择器获取 DOM 元素对象，并将对应的事件绑定到对象中，指定事件触发时执行的处理函数。其最终实现的页面效果如图 6-7 所示。

6.3.2　绑定视图模板中的多个事件

与绑定页面中的元素事件相同，在视图中绑定模板中元素的事件也非常方便。通常情况下，首先调用 _.template() 函数获取视图模板中的 HTML 元素内容，并赋予视图的 template 属性中。视图对象重载 render 方法时，将保存在视图 template 属性中 HTML 元素内容以字典传值的方式添加到 el 属性指定的 DOM 元素中。因此，当视图对象执行重载 render 方法后，el 属性指定的 DOM 元素中已包含模板中的全部 HTML 元素，这样就可以像绑定页面中的元素事件一样绑定视图模板中的元素事件。接下来通过一个简单示例进行介绍。

示例 6-8　绑定视图模板中的多个事件

1. 功能描述

在页面中先添加一个 <div> 元素，用于生成模板在传实参之后产生的全部 HTML 元素和内容。然后使用 <script> 标记添加一个包含 <div> 和 <input> 元素的模板，单击通过模板生成的 <div> 元素时，本身会切换显示样式，单击 <input> 按钮时，上面的 <div> 元素会切换显示状态。

2. 实现代码

新建一个 HTML 文件 6-8.html，加入如代码清单 6-8 所示的代码。

代码清单 6-8　绑定视图模板中的多个事件

```
<!DOCTYPE html PUBLIC "-//W3C//DTD XHTML 1.0 Transitional//EN"
"http://www.w3.org/TR/xhtml1/DTD/xhtml1-transitional.dtd">
<html xmlns="http://www.w3.org/1999/xhtml">
<head>
    <title>绑定视图模板中的多个事件</title>
    <script src="Js/jquery-1.8.2.min.js"
            type="text/javascript"></script>
    <script src="Js/underscore-min.js"
            type="text/javascript"></script>
    <script src="Js/backbone-min.js"
            type="text/javascript"></script>
    <style type="text/css">
        body
```

```
                {
                    font-size: 13px;
                }
                div
                {
                    width: 260px;
                    text-align: center;
                    padding: 5px;
                }
                .changed
                {
                    border: solid 1px #555;
                }
        </style>
</head>
<body>
        <div id="main"></div>
        <script type="text/template" id="main-tpl">
            <div id="backbone"><%=mess%></div>
            <input id="btnshow" type="button" value=" 点击一下 " />
        </script>
</body>
<script type="text/javascript">
        var stuview = Backbone.View.extend({
            el: $("#main"),
            initialize: function () {
                this.template = _.template($("#main-tpl").html());
                this.render();
            },
            render: function () {
                this.$el.html(this.template({
                    mess: "backbone 是构建前端 MVC 的利器 "
                })
                );
            },
            events: {
                'click div#backbone': 'togcls',
                'click input#btnshow': 'toggle'
            },
            togcls: function () {
                $("#backbone").toggleClass("changed");
            },
            toggle: function () {
                $("#backbone").toggle();
            }
        });
        // 实例化一个 view 视图
        var stuv = new stuview();
</script>
</html>
```

3. 页面效果
代码执行后的页面效果如图 6-8 所示。

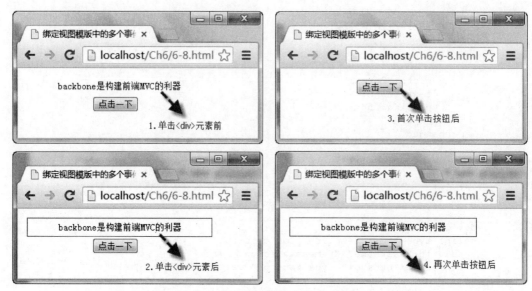

图 6-8　绑定视图模板中的多个事件

4. 源码分析

在本示例的页面中，首先定义一个 ID 号为"main"的 <div> 元素，还使用 <script> 标记定义一个 ID 号为"main-tpl"的视图模板，在模板中定义一个名为"mess"的模板变量，用于接收并显示传入的内容。

在页面的 JavaScript 代码中，通过视图类的构造函数 initialize 将模板中的 HTML 元素内容保存到视图 template 属性中，并在重载 render 方法时，将这些已保存的模板 HTML 元素内容添加到 ID 号为"main"的页面元素中，实现在页面中生成模板元素和内容的过程。

在构建视图类时，为了绑定模板中的元素事件，添加了 events 事件属性。在该属性值中，按照绑定元素事件的规则，以逗号（,）隔开。声明 ID 号为"backbone"和"btnshow"两个元素所绑定的事件和事件触发时执行的函数。第一个元素绑定的事件名为"click"，触发时执行 togcls 处理函数，该处理函数通过调用 toggleClass 方法实现样式的切换显示；第二个元素绑定的事件名也为"click"，触发时执行 toggle 处理函数，该处理函数通过调用 toggle 方法实现显示状态的切换显示。

在本示例的 JavaScript 代码最后一行，实例化一个名为"stuv"的视图对象，在实例化的过程中，将自动触发视图的重构函数的调用，重载视图对象的 render 方法，实现在页面中生成模板元素和内容及自动绑定已声明元素事件的过程，其最终实现的页面效果如图 6-8 所示。

6.3.3　动态绑定和取消视图中的事件

除了在构建视图类中，通过添加 events 属性的方式声明绑定元素的事件之外，视图内部还提供了 delegateEvents 和 undelegateEvents 两个方法，用于动态绑定和取消绑定元素的事件。

delegateEvents 方法的功能是重新绑定 events 属性值中已声明的全部元素事件，其调用格式如下代码所示。

```
delegateEvents([events])
```

其中，可选项参数 events 为视图对象的 events 属性值，也可以不添加该参数，默认值就是视图对象自身的 events 属性值。在 Backbone 框架中，实现 delegateEvents 方法对应功能的原代码如下所示。

```
delegateEvents: function(events) {
    if (!(events || (events = _.result(this, 'events'))))
        return this;
    this.undelegateEvents();
    for (var key in events) {
      var method = events[key];
      if (!_.isFunction(method)) method = this[events[key]];
      if (!method) continue;
      var match = key.match(delegateEventSplitter);
      var eventName = match[1], selector = match[2];
      method = _.bind(method, this);
      eventName += '.delegateEvents' + this.cid;
      if (selector === '') {
        this.$el.on(eventName, method);
      } else {
        this.$el.on(eventName, selector, method);
      }
    }
    return this;
}
```

上述代码的核心功能是，遍历传来的 events 属性值内容，获取元素名称和事件名称及处理函数，再调用 on 方法将每个元素的事件重新进行绑定。

undelegateEvents 方法的功能是取消所有已绑定元素的事件，其调用格式如下所示。

```
undelegateEvents()
```

该方法无参数，直接调用即可。在 Backbone 框架中，实现 undelegateEvents 方法对应功能的原代码如下所示。

```
undelegateEvents: function() {
    this.$el.off('.delegateEvents' + this.cid);
    return this;
}
```

上述代码中，调用 off 方法移除全部已绑定元素的事件名称，从而实现取消全部元素事件的功能。接下来通过一个简单示例进行介绍。

示例 6-9　动态绑定和取消视图中的事件

1. 功能描述

在页面中，首先添加一个 <div> 元素，用于接收并生成模板中的元素内容。然后使用

<script> 标记添加一个视图模板，在模板中添加一个用于显示文本内容的 <div> 元素和三个功能按钮。

单击"切换样式"按钮时，可以切换模板中 <div> 元素的样式；单击"取消绑定"按钮后，"切换样式"按钮的功能将失效；单击"重新绑定"按钮之后，"切换样式"按钮的功能又重新恢复。

2. 实现代码

新建一个 HTML 文件 6-9.html，加入如代码清单 6-9 所示的代码。

代码清单 6-9　动态绑定和取消视图中的事件

```
<!DOCTYPE html PUBLIC "-//W3C//DTD XHTML 1.0 Transitional//EN"
"http://www.w3.org/TR/xhtml1/DTD/xhtml1-transitional.dtd">
<html xmlns="http://www.w3.org/1999/xhtml">
<head>
    <title> 动态绑定和取消视图中的事件 </title>
    <script src="Js/jquery-1.8.2.min.js"
            type="text/javascript"></script>
    <script src="Js/underscore-min.js"
            type="text/javascript"></script>
    <script src="Js/backbone-min.js"
            type="text/javascript"></script>
    <style type="text/css">
        body
        {
            font-size: 13px;
        }
        div
        {
            width: 260px;
            text-align: center;
            padding: 5px;
        }
        .changed
        {
            border: solid 1px #555;
        }
    </style>
</head>
<body>
    <div id="main"></div>
    <script type="text/template" id="main-tpl">
        <div id="backbone">backbone 是构建前端 MVC 的利器 </div>
        <input id="btn_a" type="button" value=" 切换样式 " />
        <input id="btn_b" type="button" value=" 取消绑定 " />
        <input id="btn_c" type="button" value=" 重新绑定 "
                onclick="stuv.rebind()" />
    </script>
</body>
<script type="text/javascript">
    var stuv = null;
    var stuview = Backbone.View.extend({
        el: $("#main"),
```

```
        initialize: function () {
            this.template = _.template($("#main-tpl").html());
            this.render();
        },
        render: function () {
            this.$el.html(this.template());
        },
        rebind: function () {
            this.delegateEvents(this.events);
        },
        events: {
            'click input#btn_a': 'btnclick_a',
            'click input#btn_b': 'btnclick_b'
        },
        btnclick_a: function () {
            $("#backbone").toggleClass("changed");
        },
        btnclick_b: function () {
            this.undelegateEvents();
        }
    });
    // 实例化一个 view 视图
    stuv = new stuview();
</script>
</html>
```

3. 页面效果

代码执行后的页面效果如图 6-9 所示。

图 6-9　动态绑定和取消视图中的事件

4. 源码分析

在本示例的页面代码中，首先添加一个 ID 号为"main"的 <div> 元素，用于显示视图模板元素内容，并使用 <script> 标记按功能描述，在页面中添加 ID 号为"main-tpl"的模板。

在 JavaScript 代码中，先定义一个全局变量 stuv，用于保存实例化后的视图对象。接下来，在构造名称为 stuview 的视图类中，在构建函数 initialize 中获取页面中的模板对象，并在视图对象重载 render 方法时，将模板中的 HTML 元素内容生成到 el 属性指定的页面中，实现在页面中生成模板元素和内容的过程。

通过视图的 events 属性声明各个 DOM 元素所绑定的事件中，"切换样式"和"取消绑定"按钮绑定的 click 事件对应执行的处理函数名称分别为"btnclick_a"和"btnclick_b"，前者调用 toggleClass 方法实现元素样式的切换显示的功能，后者调用 undelegateEvents 方法实现取消视图对象中全部元素已绑定事件的功能。

由于执行 undelegateEvents 方法之后，该视图中所有通过 events 属性值声明的绑定事件都被取消，因此"重新绑定"按钮所执行的 click 事件直接在定义元素时进行添加。该事件执行的处理函数为 stuv.rebind()，stuv 是实例化后的视图对象名称。rebind 是一个自定义的方法，功能是调用 delegateEvents 方法重新绑定视图对象的 events 属性值中全部已声明的元素事件。因此，单击"重新绑定"按钮之后，"切换样式"按钮事件被重新绑定，功能使用恢复正常。

本示例的 JavaScript 代码的最后一行，使用 new 关键字实例化一个视图对象，并将该对象赋予全局变量 stuv，在视图对象实例化过程中执行的操作与示例 6-8 基本相同，不再赘述。

👆 说明

delegateEvents 方法常用于事件失效后的重新绑定，例如在视图对象中变更了元素载体后，原有绑定的事件不能被触发。

6.4　使用 Backbone 框架开发前端 Web 应用

通过前面的学习，我们对 Backbone 框架的各个主要功能类模块有了一定的了解。总体来讲，Backbone 框架中的 model 对象表示数据模型，用于定义数据结构；collection 对象是管理数据模型的集合，用于保存或查找数据；view 对象的主要功能是数据显示，并用于绑定 DOM 元素事件和处理页面逻辑。接下来通过一个完整的示例，详细介绍利用 Backbone 框架开发一个单页前端 Web 应用的过程。

6.4.1　功能描述

应用包括两个功能。首先是数据录入功能，在页面中增加 3 个文本输入框分别用于输入"编号"、"姓名"、"分数"；增加一个"提交"按钮，单击该按钮时，将输入的数据以模型对象的方式添加到集合对象中。其次是数据显示功能，当输入的数据添加完成之后，将已添加的数据通过视图对象展示在页面的指定元素中。

6.4.2　实现代码

新建一个 HTML 文件 6-10.html，加入如代码清单 6-10 所示的代码。

代码清单 6-10　使用 Backbone 框架开发一个前端 Web 应用

```html
<!DOCTYPE html PUBLIC "-//W3C//DTD XHTML 1.0 Transitional//EN"
"http://www.w3.org/TR/xhtml1/DTD/xhtml1-transitional.dtd">
<html xmlns="http://www.w3.org/1999/xhtml">
<head>
    <title> 开发一个完整使用 backbone 框架的前端 Web 应用 </title>
    <script src="Js/jquery-1.8.2.min.js"
            type="text/javascript"></script>
    <script src="Js/underscore-min.js"
            type="text/javascript"></script>
    <script src="Js/backbone-min.js"
            type="text/javascript"></script>
    <style type="text/css">
        body
        {
            font-size: 12px;
        }
        ul
        {
            list-style-type: none;
            padding: 0px;
            margin: 0px;
            width: 270px;
        }
        ul li
        {
            margin: 5px 0px;
        }
        ul .lh
        {
            font-weight: bold;
            border-bottom: solid 1px #555;
            background-color: #eee;
            height: 23px;
            line-height: 23px;
        }
        ul .lc
        {
            border-bottom: dashed 1px #ccc;
            height: 23px;
            line-height: 23px;
        }
        ul li span
        {
            padding-left: 10px;
            width: 80px;
```

```
                float: left;
            }
        </style>
    </head>
    <body>
        <ul id="ulshowstus">
            <li class="lh">
                <span> 编号 </span>
                <span> 姓名 </span>
                <span> 分数 </span>
            </li>
        </ul>
        <br />
        <ul>
            <li>编号:
                <input id="txtCode" type="text" />
            </li>
            <li>姓名:
                <input id="txtName" type="text" />
            </li>
            <li>分数:
                <input id="txtScore" type="text" />
            </li>
            <li>
                <input id="btnSubmit" type="button"
                    value=" 提交 " />
            </li>
        </ul>
        <script type="text/template" id="stus-tpl">
            <li class="lc">
                <span><%=Code%></span>
                <span><%=Name%></span>
                <span><%=Score%></span>
            </li>
        </script>
    </body>
    <script type="text/javascript">
        var student = Backbone.Model.extend({
            defaults: {
                Code: "10001",
                Name: " 张三 ",
                Score: 100
            }
        });
        var stulist = Backbone.Collection.extend({
            initialize: function (model, options) {
                this.on("add", options.view.showmodel);
            }
        });
        var stuview = Backbone.View.extend({
            el: $("body"),
            initialize: function () {
                this.stul = new stulist(null, { view: this })
            },
            events: {
```

```
            "click #btnSubmit": "addmodel"
        },
        addmodel: function () {
            var stum = new student({
                Code: $("#txtCode").val(),
                Name: $("#txtName").val(),
                Score: $("#txtScore").val()
            });
            this.stul.add(stum);
        },
        showmodel: function (model) {
            this.template = _.template($("#stus-tpl").html());
            $("#ulshowstus").append(
              this.template(model.toJSON()));
        }
    });
    // 实例化一个 view 视图
    var stuv = new stuview();
</script>
</html>
```

6.4.3　页面效果

代码执行后的页面效果如图 6-10 所示。

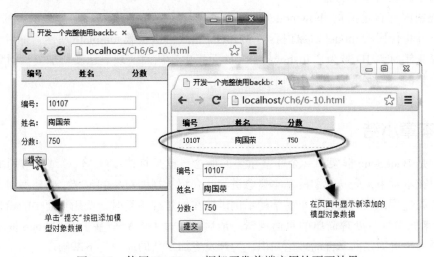

图 6-10　使用 Backbone 框架开发前端应用的页面效果

6.4.4　源码分析

本示例的源码由页面代码和 JavaScript 代码两部分组成。通常情况下，页面代码是为了配合 JavaScript 代码的功能开发而设置的。本示例的页面代码由三部分组成，分别包含两个 <ul> 元素和一个 <script> 模板元素。ID 号为" ulshowstus "的 <ul> 元素用于生成并显示 <script> 模板元素被传实参后的 HTML 元素代码内容。在另一个 <ul> 元素中，添加三个

<input> 文本输入框和一个按钮元素，用于录入模型对象的各属性值和整个数据的提交。

在本示例的 JavaScript 代码中，由自定义的模型类、集合类、视图类三个部分组成，在构建 student 模型类时，使用 defaults 属性值定义模型对象的基本属性结构并设置了初始值。在构建 stulist 集合类时，在构造函数 initialize 中绑定集合对象的 add 事件，向集合中添加模型对象时将触发该事件，并执行形参 options 中 view 对象的 showmodel 方法。

在构建 stuview 集合类时，首先将 el 属性值设置为 <body> 元素，还在构造函数 initialize 中以实例化的方式定义一个 stul 集合对象。在定义过程中，采用字典的方式将 view 的实参值设为 this，即实例化视图对象本身；而在集合对象实例化时，也同时触发了 stulist 集合类中构造函数的调用。在调用过程中，形参 options 中 view 对象将自动变为传来的视图对象，因此向集合对象中添加模型对象时，将执行视图对象中的 showmodel 方法。

为了绑定 ID 号为"btnSubmit"的"提交"按钮的 click 事件，在构建 stuview 集合类时，添加了 events 属性。在属性值中按钮定义规则声明该了该元素的 click 事件，当触发该按钮的 click 事件时，将执行 addmodel 处理函数。在该处理函数中，先实例化一个 stum 模型对象，页面中三个文本框输入的值作为实例化对象时的实参值添加到模型对象中，然后调用 add 方法向已定义的集合对象 stul 添加该模型对象。由于在调用 add 方法时，触发了已绑定的对应事件，在该事件处理函数中，将调用视图对象内部的 showmodel 方法，完成新增加模型对象的数据显示功能。

在视图内部自定义的 showmodel 方法中，先将页面中的模板赋予视图本向的 template 属性值，并将传回的 model 对象内容转成 JSON 格式再次重载 template 属性，最后将模板重载后的结果追加至 ID 号为"ulshowstus"的元素中，从而实现显示新增加模型对象数据的功能，完整的代码实现方法见示例中的源码。

6.5　本章小结

视图是 Backbone 框架中一个非常重要的概念，也是打造前端 MVC 结构应用的重要组成部分。在本章中，先从视图的基本概念讲起，介绍了视图对象的定义、与模型对象、集合对象的关联过程，然后通过简单易学的示例讲述在构建视图类时，调用页面中的模板，绑定 DOM 元素的事件，处理简单的页面逻辑。最后，通过一个完全基于 Backbone 框架的应用开发，进一步巩固之前掌握的理论知识，为开发更加复杂的应用打下基础。

第 7 章

导航控制器

在前面的章节中曾提到，Backbone 框架的最佳应用场景是构建一个逻辑复杂的单页应用，即单页富应用。随着人们对这种应用的喜爱，希望提供或收藏应用在某一阶段的 URL 或锚点地址，方便日后直接进入这个阶段的功能页。

为了满足这种需求，实现在单页富应用中通过锚点或特殊格式的 URL 完成可分享、可收藏的功能，Backbone 框架中提供了两个重要的类模型——导航控制器（router）和历史（history），router 封装了兼容各类浏览器 history 的方案，通过使用浏览器的 hash 对象和 HTML 5 中的 pushState 方法，将某阶段特殊的 URL 或锚点地址与既定的事件（event）或函数（action）相绑定。输入这些 URL 地址时，对应完成不同的功能，从而实现在单页富应用中分享和收藏的功能。

7.1 浏览器导航基础

在正式介绍 Backbone 中的导航控制器（router）之前，有必要了解下浏览器的导航功能基础知识，包含浏览器窗口（window）的 history、HTML 5 中 history API 和 location 对象。了解这些基础知识，有利于对 Backbone 中的导航控制器工作原理的理解和掌握。

7.1.1 history 对象

在编写 JavaScript 代码中，经常用到 history 对象，它的功能是保存浏览器的历史浏览记录。出于对用户隐私和安全性的考虑，history 对象可以使用的方法相对较少，其中有两个比较常用的方法——back 和 forward。

1）back 方法的功能是返回浏览器历史记录中当前页的上一页，与浏览器的"后退"按钮功能相同，调用格式如下。

```
window.history.back();
```

2）forward 方法的功能是进入浏览器历史记录中当前页的下一页，与浏览器的"前进"按钮功能相同，调用格式如下。

```
window.history.forward();
```

接下来通过一个简单示例进行介绍。

示例 7-1　history 对象的方法

1. 功能描述

在项目中，新建两个用于互访的页面 7-1-a.html 和 7-1-b.html。在第一个页面中添加一个按钮和一个超级链接元素，如果在 history 对象中存在已前进的历史记录，则隐藏超级链接元素，否则隐藏按钮。单击链接元素时，进入 7-1-b.html 页，单击按钮时，进入历史记录中当前页的下一页。在第二个页面中添加一个按钮，单击该按钮时，返回历史记录中当前页的上一页。

2. 实现代码

新建一个 HTML 文件 7-1-a.html，加入如代码清单 7-1-a 所示的代码。

代码清单 7-1-a　文件 7-1-a.html 内容

```
<!DOCTYPE html PUBLIC "-//W3C//DTD XHTML 1.0 Transitional//EN"
"http://www.w3.org/TR/xhtml1/DTD/xhtml1-transitional.dtd">
<html xmlns="http://www.w3.org/1999/xhtml">
<head>
    <title>history</title>
    <style type="text/css">
        body
        {
            font-size: 12px;
        }
    </style>
</head>
<body>
    <input id="btnforward" type="button"
            value=" 前进 " onclick="window.history.forward();" />
    <a href="7-1-b.html" id="lnkforward"> 前进 </a>
</body>
<script type="text/javascript">
    var $obj_wh = window.history;
    if ($obj_wh.length > 2) {
        document.getElementById("lnkforward")
        .style.display = "none";
    } else {
        document.getElementById("btnforward")
        .style.display = "none";
    }
</script>
</html>
```

另外，新建一个 HTML 文件 7-1-b.html，加入如代码清单 7-1-b 所示的代码。

代码清单 7-1-b 文件 7-1-b.html 内容

```
<!DOCTYPE html PUBLIC "-//W3C//DTD XHTML 1.0 Transitional//EN"
"http://www.w3.org/TR/xhtml1/DTD/xhtml1-transitional.dtd">
<html xmlns="http://www.w3.org/1999/xhtml">
<head>
    <title>history</title>
    <style type="text/css">
        body
        {
            font-size: 12px;
        }
    </style>
</head>
<body>
<input type="button" value=" 后退 "
onclick="window.history.back();" />
</body>
</html>
```

3. 页面效果

代码执行后的页面效果如图 7-1 所示。

图 7-1　history 对象

4. 源码分析

在本示例第一个页面的 JavaScript 代码中，首先定义一个名为 "$obj_wh" 的变量用于保存 history 对象。该对象的 length 值大于 2 时，表示在该对象中已经存在当前页的下一页链接。通过对 history 对象 length 值跟踪发现。首次打开浏览器时，该属性值为 1，而浏览第一个页面地址时，该属性值又变为 2。可见，每浏览一个新的地址时，都会向 history 对象中添加一个条记录，而对应的 length 属性值也会相应地增加 1。所以该属性值大于 2 时，表明浏览器已打开过本示例的第二个页面，因此隐藏链接元素，显示"前进"按钮。

在第一个页面添加"前进"按钮时绑定 onclick 事件，单击该按钮时，将调用 history 对象中的 forward 方法直接进入当前页历史记录中的下一页。

在第二个页面添加"后退"按钮时绑定 onclick 事件，单击该按钮时，将调用 history 对象中的 back 方法直接进入当前页历史记录中的上一页。

在 history 对象中，调用该对象的 forward 和 back 方法分别实现页面的前进和后退功能外，直接调用对象的 go 方法，也能实现页的前进和后退功能，调用格式如下。

```
window.history.go(n);
```

其中，参数 n 为一个整数，大于 0 时表示前进，小于 0 时表示后退，因此，如果是用于实现页面的前进功能，下列代码是等价的。

```
window.history.forward();
```

等价于：

```
window.history.go(1);
```

如果是用于实现页面的后退功能，则下列代码也是等价的。

```
window.history.back();
```

等价于：

```
window.history.go(-1);
```

7.1.2　HTML 5 中 history 对象 API

上一节针对 HTML 4 标准介绍了 history 对象的常用方法。HTML 5 基于原有对象方法新增了两个实用的 API 方法。

1）pushState 方法：功能是向历史记录堆栈的顶部添加一条记录，常用于实现页面的无刷新跳转，其调用格式如下。

```
window.history.pushState(data, title [, url]);
```

其中，data 参数表示在添加记录时传递的数据对象，该对象通常为 JSON 格式的字符串；参数 title 为页面显示的标题，可选项参数为页面跳转地址，默认值为当前页地址。

2）replaceState 方法：功能是修改当前的历史记录值，其调用格式如下。

```
window.history.replaceState(data, title [, url]);
```

其中，各个参数的使用说明与 pushState 方法相同，不再赘述。

此外，history 对象还有一个重要的 state 属性，通过该属性可以获取使用 pushState 方法新增的实体对象的内容，即在使用 pushState 方法增加时 data 参数的实体值，它的调用格式如下。

```
window.history.state;
```

目前，各个浏览器对 HTML 5 标准支持不全面，在使用 history 对象两个新增的 API 方法时，首先需要检测浏览器对它的支持状态，检测代码如下。

```
function supports_history_api(){
        return !!(window.history && history.pushState);
}
```

调用上面的自定义函数，如果返回值为 true，表示支持 history 对象新增的 API 方法，否则表示浏览器并不支持 history 对象或新增的 API 方法。

接下来通过一个简单示例进行介绍。

示例 7-2　HTML 5 中 history 对象的方法

1. 功能描述

在项目中新建两个页面 7-2-a.html 和 7-2-b.html 用于互访。在第一个页面中，添加两个 <div> 和 <span> 元素，调用 history 对象的 pushState 方法时，分别显示 history 对象当前最新增的历史记录实体总量和内容；在第二个页面中，同样添加两个 <div> 和 <span> 元素，调用 history 对象的 replaceState 方法时，分别显示 history 对象当前替换后的历史记录实体总量和内容。

2. 实现代码

新建一个 HTML 文件 7-2-a.html，加入如代码清单 7-2-a 所示的代码。

代码清单 7-2-a　文件 7-2-a.html 内容

```
<!DOCTYPE html PUBLIC "-//W3C//DTD XHTML 1.0 Transitional//EN"
"http://www.w3.org/TR/xhtml1/DTD/xhtml1-transitional.dtd">
<html xmlns="http://www.w3.org/1999/xhtml">
<head>
    <title>HTML5 中 history API 方法 </title>
    <style type="text/css">
        div
        {
            margin:5px 0px;
            font-size: 13px;
        }
    </style>
</head>
<body>
    <div> 记录总量 :<span id="divNum"></span></div>
    <div> 刷新前 : <span id="divShow"></span></div>
</body>
<script type="text/javascript">
    var obj_a_state = {
        Code: "10107",
        Name: " 陶国荣 ",
        Score: 750
    };
```

```
        window.history.pushState(obj_a_state,
            "HTML5 中 history API 方法 ", "7-2-b.html");
        document.getElementById("divNum").innerHTML = history.length
        document.getElementById("divShow").innerHTML =
            JSON.stringify(window.history.state);
    </script>
    </html>
```

另外，新建一个 HTML 文件 7-2-b.html，加入如代码清单 7-2-b 所示的代码。

代码清单 7-2-b　文件 7-2-b.html 内容

```
<!DOCTYPE html PUBLIC "-//W3C//DTD XHTML 1.0 Transitional//EN"
"http://www.w3.org/TR/xhtml1/DTD/xhtml1-transitional.dtd">
<html xmlns="http://www.w3.org/1999/xhtml">
<head>
    <title>HTML5 中 history API 方法 </title>
    <style type="text/css">
        div
        {
            margin:5px 0px;
            font-size: 13px;
        }
    </style>
</head>
<body>
    <div> 记录总量 :<span id="divNum"></span></div>
    <div> 刷新后 : <span id="divShow"></span></div>
</body>
<script type="text/javascript">
    var obj_b_state = {
        Code: "10107",
        Name: " 李建洲 ",
        Score: 950
    };
    window.history.replaceState(obj_b_state,
        "HTML5 中 history API 方法 ");
    document.getElementById("divNum").innerHTML = history.length
    document.getElementById("divShow").innerHTML =
        JSON.stringify(window.history.state);
</script>
</html>
```

3. 页面效果

代码执行后的页面效果如图 7-2 所示。

4. 源码分析

在 7-2-a.html 页面的 JavaScript 代码中，首先定义一个名称为 " obj_a_state " 的 JSON 格式对象，然后调用 history 对象中的 pushState 方法将该对象的内容插入当前历史记录的顶部，作为当前历史记录的实体对象。同时设置 title 和 url 参数值，使页面在无刷新的情况下，动态将当前页的地址修改为 url 参数传来的地址。最后，将 history 对象的记录项总量和 state 属性内容分别显示在页面指定的元素中。

图 7-2　HTML 5 中 history 对象的方法

　　首次打开 7-2-a.html 页面后，虽然将当前页的地址修改为 url 参数传来的地址，即将当前页的地址修改为 7-2-b.html，但只是修改，并没有执行该地址。用户此时单击页面导航条中的"刷新"按钮时，将真正浏览 7-2-b.html 页。在该页面的 JavaScript 代码中，调用 history 对象中的 replaceState 方法替换当前历史记录的对象，并将替换后的 history 对象记录项总量和 state 属性内容分别显示在页面指定的元素中。从图 7-2 可以看出，在记录项总量未变的情况下，history 对象 state 属性内容发生了变化，说明替换成功。

提示

　　虽然在 history 对象执行 pushState 方法时，也会自动触发相应的 popstate 事件，但由于各主流浏览器对该事件触发的时间不相同，有待进一步统一，本书不阐述。

7.1.3　location 对象

　　在浏览器窗口（window）中，location 对象的功能是管理浏览器的地址。相对于 history 对象而言，该对象拥有更多实用的属性和方法，如最常用的 href 属性和 reload 方法，前者可获取当前浏览器的地址，后者方法可以重新按地址加载当前页面。此外，还能通过调用 location 对象其他属性，获取浏览器地址的各个组成部分，其属性与地址组成部分对应关系如图 7-3 所示。

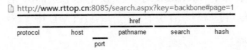

图 7-3　location 对象属性与地址组成部分对应关系

从图 7-3 可以看出，浏览器中 URL 地址的各个组成部分都可以通过调用 location 对象的属性获取，操作也十分方便。接下来通过一个简单示例进行介绍。

示例 7-3　location 对象的属性和方法

1. 功能描述

在页面中添加一个 <div> 元素，用于显示遍历 location 对象后获取的对象方法和各个属性值内容。另外添加两个按钮元素，单击"重载"按钮时，重新加载当前页面，单击"替换"按钮时，在当前页中打开一个新的 URL 地址。

2. 实现代码

新建一个 HTML 文件 7-3.html，加入如代码清单 7-3 所示的代码。

代码清单 7-3　location 对象的属性和方法

```
<!DOCTYPE html PUBLIC "-//W3C//DTD XHTML 1.0 Transitional//EN"
"http://www.w3.org/TR/xhtml1/DTD/xhtml1-transitional.dtd">
<html xmlns="http://www.w3.org/1999/xhtml">
<head>
    <title>location 对象 </title>
</head>
<body>
  <div id="divShow"></div>
  <input id="btnreload" type="button"
         value=" 重载 " onclick="window.location.reload();" />
  <input id="btnreplace" type="button" value=" 替换 "
         onclick="window.location .replace('http://www.rttop.cn');" />
</body>
<script type="text/javascript">
    var $HTML = "";
    var $obj_wl = window.location;
    for (var idx in $obj_wl) {
        $HTML += "<b>" + idx + ":" + "</b> " + $obj_wl[idx] + "</br>";
    }
    document.getElementById("divShow").innerHTML = $HTML;
</script>
</html>
```

3. 页面效果

代码执行后的页面效果如图 7-4 所示。

4. 源码分析

在本示例的 JavaScript 代码中，为了将遍历后的 location 对象各属性名称和值显示在页面元素中，首先定义一个名为 $HTML 的变量，用于保存内容，然后定义一个名为" $obj_wl"的变量，用于保存 location 对象。接下来使用 for 语句遍历 location 对象，并获取对象的每个属性名和对应属性值保存至变量 $HTML 中。最后将变量 $HTML 的内容显示在页面元素中。

图 7-4　location 对象的属性和方法

在本示例的页面代码中，添加两个按钮元素时就已绑定 onclick 事件。单击"重载"按钮时，将调用 location 对象的 reload 方法重载当前页；单击"替换"按钮时，将调用 location 对象的 replace 方法，在当前页中打开新页面。

location 对象中的 reload 和 replace 方法虽然都是在当前页面重新加载，但两者有本质的区别。前者是重新加载当前页的 URL 地址，即进行当前页的刷新；后者是先将当前页的 URL 地址进行替换，再在当前页中加载替换后的 URL 地址。

此外，location 对象中的 hash 属性十分重要，该属性易于设置和获取，广泛用于单页应用中局部效果的收藏，可以根据获取的该获取值执行不同的 JavaScript 代码，实现在单页应用中无刷新变换页面的功能。该属性也应用于下一节将要重点介绍的 Backbone 框架的导航器（router）中。

7.2　绑定导航地址

通过前面章节的学习，使我们掌握了浏览器窗口（window）中 history、location 对象属性和方法的使用。在 Backbone 框架中构建 router 类时，大量封装了这两个对象中的属性和方法，将页面特定的 url 或 hash 属性与定义好的 action 或 event 相绑定。在地址栏浏览这些 URL 时，触发绑定的 action 对应的函数或执行相应的事件，可以实现无刷新加载新内容，以及收藏特定 URL 片段的功能，接下来详细介绍该功能的实现过程。

7.2.1　action 方式绑定 URL 地址

所谓 action 方式，是将页面特定的 url 或 hash 属性与一个对应的函数（动作）相绑定，即在构建 router 类时，通过添加 routes 属性，在该属性中声明 url 或 hash 属性和函数的对应关系，这样就完成了两者间的绑定。一旦绑定完成，在浏览器中浏览对应的 URL 地址时，执行对应函数中的代码。接下来通过一个完整的示例进行介绍。

示例 7-4   action 方式绑定 URL 地址

1. 功能描述

在页面中添加两个 <div> 元素，第一个元素用于创建导航条，在该元素中添加多个超级链接 <a> 元素。单击某个链接时，进入相应的特定 URL 地址。同时在第二个 <div> 元素中显示对应的功能说明和传回的参数值。

2. 实现代码

新建一个 HTML 文件 7-4.html，加入如代码清单 7-4 所示的代码。

代码清单 7-4   action 方式绑定 URL 地址

```
<!DOCTYPE html PUBLIC "-//W3C//DTD XHTML 1.0 Transitional//EN"
"http://www.w3.org/TR/xhtml1/DTD/xhtml1-transitional.dtd">
<html xmlns="http://www.w3.org/1999/xhtml">
<head>
    <title>action 方式绑定 url 地址 </title>
    <script src="Js/jquery-1.8.2.min.js"
            type="text/javascript"></script>
    <script src="Js/underscore-min.js"
            type="text/javascript"></script>
    <script src="Js/backbone-min.js"
            type="text/javascript"></script>
    <style type="text/css">
        div
        {
            margin:5px 0px;
            font-size: 13px;
        }
    </style>
</head>
<body>
    <div>
        <a href=""> 首页 </a> |
        <a href="#search"> 查询列表 </a> |
        <a href="#search/abc"> 关键字查询 </a> |
        <a href="#search/abc/p2"> 页码关键字查询 </a> |
        <a href="#error"> 其他页 </a>
    </div>
    <div id="divShow"></div>
</body>
<script type="text/javascript">
    var $divShow = $("#divShow");
    var testrouter = Backbone.Router.extend({
    routes: {
        '': 'main',
        'search': 'search_list',
        'search/:key': 'search_key',
        'search/:key/p:page': 'search_key_page',
        '*search': 'search_default'
    },
    main: function () {
        $divShow.html(" 首页 ");
    },
```

```
        search_list: function () {
            $divShow.html("查询列表");
        },
        search_key: function (key) {
            $divShow.html("查询关键字为 " + key + " 记录");
        },
        search_key_page: function (key, page) {
            $divShow.html("查询关键字为 " + key + "记录,页码为 " + page);
        },
        search_default: function () {
            $divShow.html("其他页");
        }
    });
    var router = new testrouter();
    Backbone.history.start();
</script>
</html>
```

3. 页面效果

代码执行后的页面效果如图 7-5 所示。

图 7-5 单击不同链接执行不同 action 代码的页面效果

4. 源码分析

在本示例的 JavaScript 代码中，首先定义一个名为"$divShow"的变量，用于保存显示内容的页面元素。在构建 router 模块类时添加 routes 属性，并在该属性值中声明需要监听的 URL 地址列表。以 key/value 的形式声明，key 表示 URL 地址中 hash 属性的规则，而 value 则表示当在浏览器地址栏中执行该规则声明的 URL 时，需要执行的动作（action）函数名。

然后，编写 URL 地址中 hash 属性规则执行的函数。在执行函数过程中，可以获取 URL 地址中 hash 属性规则传来的实参值，并将该值显示在页面指定的元素中。

最后，由于 URL 地址中 hash 属性的导航功能是由 router 类和 history 类共同完成的。前者用于声明和解析导航规则，并绑定对应的动作（action）函数名，后者用于监听已绑定的 URL 地址变化，并触发已绑定的动作（action）。因此，需要先实例化一个 router 类的对象 router，然后通过调用 history 对象中的 start 方法启动对 URL 地址变化的监听。

7.2.2　event 方式绑定 URL 地址

在构建 router 类中，通过添加 routes 属性声明需要监听的 URL 地址列表时，每绑定一个对应的 key/value 关系，会触发一个基于动作（action）函数名的事件。实例化后的 router 类对象可以绑定该事件，并在事件中还可以接收 URL 地址传来的实参数据。

示例 7-5　event 方式绑定 URL 地址

将示例 7-4 修改为 event 方式来绑定 URL 地址。新建一个 HTML 文件 7-5.html，加入如代码清单 7-5 所示的代码。

代码清单 7-5　event 方式绑定 URL 地址

```
<!DOCTYPE html PUBLIC "-//W3C//DTD XHTML 1.0 Transitional//EN"
"http://www.w3.org/TR/xhtml1/DTD/xhtml1-transitional.dtd">
<html xmlns="http://www.w3.org/1999/xhtml">
<head>
    <title>event 方式绑定 url 地址 </title>
    <script src="Js/jquery-1.8.2.min.js"
            type="text/javascript"></script>
    <script src="Js/underscore-min.js"
            type="text/javascript"></script>
    <script src="Js/backbone-min.js"
            type="text/javascript"></script>
    <style type="text/css">
        div
        {
        margin:5px 0px;
        font-size: 13px;
        }
    </style>
</head>
<body>
    <div>
        <a href=""> 首页 </a> |
        <a href="#search"> 查询列表 </a> |
        <a href="#search/abc"> 关键字查询 </a> |
```

```
        <a href="#search/abc/p2">页码关键字查询 </a> ｜
        <a href="#error"> 其他页 </a>
    </div>
    <div id="divShow"></div>
</body>
<script type="text/javascript">
    var $divShow = $("#divShow");
    var testrouter = Backbone.Router.extend({
        routes: {
            '': 'main',
            'search': 'search_list',
            'search/:key': 'search_key',
            'search/:key/p:page': 'search_key_page',
            '*search': 'search_default'
        }
    });
    var router = new testrouter();
    router.on("route:main", function () {
        $divShow.html(" 首页 ");
    });
    router.on("route:search_list", function () {
        $divShow.html(" 查询列表 ");
    });
    router.on("route:search_key", function (key) {
        $divShow.html(" 查询关键字为 " + key + " 记录 ");
    });
    router.on("route:search_key_page", function (key, page) {
        $divShow.html(" 查询关键字为 " + key + " 记录，页码为 " + page);
    });
    router.on("route:search_default", function () {
        $divShow.html(" 其他页 ");
    });
    Backbone.history.start();
</script>
</html>
```

代码执行后的页面效果与图 7-4 完全一样，在此不再列出。

7.2.3 定义 hash 属性绑定规则

在上述示例中，构建 router 类并添加 routes 属性来声明需要监听的 URL 地址列表时，被监听的 key 部分用于定义当前 URL 地址中 hash 属性的规则。在该规则中，需要注意以下几种特殊字符代表的含义。

1）"/"反斜杠字符表示内容的分隔，该字符在 router 类内部会自动转成 "([^\/]+)"表达式。例如定义如下匹配的规则：

```
'#search/a/b/c': 'search_a_b_c'
```

必须在地址栏中输入如下地址：

```
http://localhost/Ch7/7-6.html#search/a/b/c
```

才能执行 search_a_b_c 函数代码。在输入 URL 地址时，hash 属性部分必须与定义规则时的

key 值完全一致，因为此时的反斜杠字符仅表示内容的分隔。

2）"："冒号表示该段内容将以参数的方式传给对应的动作（action）函数，而函数也可以通过以回调参数方式进行接收。例如定义如下匹配的规则：

```
'#search/:a/m:b/n:c': 'search_a_m_n'
```

必须在地址栏中输入如下地址：

```
http://localhost/Ch7/7-6.html#search/1/m2/n3
```

将会执行 search_a_m_n 函数代码。在该函数中，形参 a 对应实参 1，形参 m 对应实参 2，形参 n 对应实参 3。在执行函数代码时，这些实参值可以通过定义时的形参值进行传递获取。

3）"*"星号表示零个或多个任意字符，该字符在 router 类内部会自动转成为"(.*?)"表达式，它可以与反斜杠字符或冒号组合。例如定义如下匹配的规则：

```
'*search/:a/m:b/n:c': 'default_a_m_n'
```

可以在地址栏中输入如下地址：

```
http://localhost/Ch7/7-6.html#error/1/m2/n3
```

同样会执行 default_a_m_n 函数代码，还可以通过形参传值的方式获取冒号后对应的实参值。接下来通过一个完整的示例进行介绍。

示例 7-6　定义 hash 属性绑定规则

1. 功能描述

在页面中添加两个 <div> 元素，第一个元素中添加一个超级链接 <a> 元素。单击该链接时，进入相应的特定 URL 地址，同时在第二个 <div> 元素中显示对应的功能说明和传回的参数值。

2. 实现代码

新建一个 HTML 文件 7-6.html，加入如代码清单 7-6 所示的代码。

代码清单 7-6　定义 hash 属性绑定规则

```
<!DOCTYPE html PUBLIC "-//W3C//DTD XHTML 1.0 Transitional//EN"
"http://www.w3.org/TR/xhtml1/DTD/xhtml1-transitional.dtd">
<html xmlns="http://www.w3.org/1999/xhtml">
<head>
    <title> 定义 hash 属性绑定规则 </title>
    <script src="Js/jquery-1.8.2.min.js"
            type="text/javascript"></script>
    <script src="Js/underscore-min.js"
            type="text/javascript"></script>
    <script src="Js/backbone-min.js"
            type="text/javascript"></script>
    <style type="text/css">
        div
        {
```

```
            margin:5px 0px;
            font-size: 13px;
        }
    </style>
</head>
<body>
    <div>
        <a href="#abc/p5"> 其他页 </a>
    </div>
    <div id="divShow"></div>
</body>
<script type="text/javascript">
    var $divShow = $("#divShow");
    var testrouter = Backbone.Router.extend({
        routes: {
            '*path/p:page: 'search_other'
        },
        search_other: function (path, page) {
            $divShow.html(" 路径名为 " + path + " ,页码为 " + page);
        }
    });
    var router = new testrouter();
    Backbone.history.start();
</script>
</html>
```

3. 页面效果

代码执行后的页面效果如图 7-6 所示。

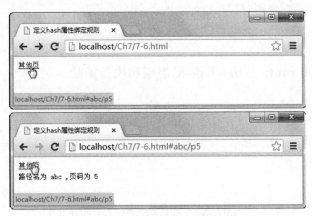

图 7-6　单击链接前后的页面对比

4. 源码分析

在本示例的 JavaScript 代码中，当声明 url 中 hash 属性的匹配规则时，使用星号、反斜杠字符及冒号。当输入" #abc/p5"时，可以通过函数传参的形式获取路径实参值 abc 和冒号后的实参值 5，表明在使用星号匹配时，也可以通过冒号传递参数。

👆 **说明**

由于在声明 url 中 hash 属性的匹配规则时，都与一个动作 (action) 函数相绑定，该函数必须在 router 对象内完成了定义，否则将无法正常显示预期的效果。

7.3 router 类中的方法

在 Backbone 框架的 router 类中，通过添加 routes 属性声明 url 中 hash 属性的匹配规则列表，当页面 url 的 hash 属性处于设置好的规则时，就可以触发绑定的函数。虽然这种方式是在构建类时进行声明，但也能通过调用 router 类提供的方法进行修改。router 类提供了两个用于重新修改 url 中 hash 属性的匹配规则的方法，一个是 route 方法，另一个是 navigate 方法，接下来重点介绍这两个方法的使用。

7.3.1 route 方法的使用

在 router 类中，route 方法的功能是动态修改 url 中 hash 属性的匹配规则和动作（action）函数，该方法的调用格式如下。

```
objrouter.route(route, name, callback)
```

其中，参数 objrouter 为实例化后的导航对象，括号中的 route 参数为匹配规则内容，该规则可以与 routes 属性声明时相同，也可以通过正则表达式进行声明，参数 name 为规则的名称，callback 表示匹配规则对应执行的动作（action）函数。

该方法可以在构建 router 类时取代 routes 属性进行匹配规则的声明，也可以在实例化对象之后，对 routes 属性声明的匹配规则进行重新修改。接下来通过一个完整的示例进行介绍。

示例 7-7 使用 route 方法声明匹配规则和执行函数

1. 功能描述

在示例 7-4 的基础之上修改，在 router 类的 initialize 函数中，调用 route 方法声明匹配规则和执行函数。此外，在实例化导航对象后，再次调用 route 方法对原来的匹配规则和执行函数进行重新修改。

2. 实现代码

新建一个 HTML 文件 7-7.html，加入如代码清单 7-7 所示的代码。

代码清单 7-7 route 方法的使用

```
<!DOCTYPE html PUBLIC "-//W3C//DTD XHTML 1.0 Transitional//EN"
"http://www.w3.org/TR/xhtml1/DTD/xhtml1-transitional.dtd">
<html xmlns="http://www.w3.org/1999/xhtml">
<head>
    <title>route() 方法 </title>
    <script src="Js/jquery-1.8.2.min.js"
            type="text/javascript"></script>
```

```
    <script src="Js/underscore-min.js"
            type="text/javascript"></script>
    <script src="Js/backbone-min.js"
            type="text/javascript"></script>
    <style type="text/css">
        div
        {
            margin:5px 0px;
            font-size: 13px;
        }
    </style>
</head>
<body>
    <div>
        <a href=""> 首页 </a> |
        <a href="#search"> 查询列表 </a> |
        <a href="#search/abc"> 关键字查询 </a> |
        <a href="#search2/abc/p2"> 页码关键字查询 </a> |
        <a href="#error"> 其他页 </a>
    </div>
    <div id="divShow"></div>
</body>
<script type="text/javascript">
    var $divShow = $("#divShow");
    var testrouter = Backbone.Router.extend({
        routes: {
            '': 'main',
            'search/:key': 'search_key',
            'search/:key/p:page': 'search_key_page',
            '*search': 'search_default'
        },
        initialize: function () {
            this.route("search", 'search_list', function () {
                $divShow.html(" 初始化时，查询列表 ");
            });
        },
        main: function () {
            $divShow.html(" 首页 ");
        },
        search_list: function () {
            $divShow.html(" 查询列表 ");
        },
        search_key: function (key) {
            $divShow.html(" 查询关键字为 " + key + " 记录 ");
        },
        search_default: function () {
            $divShow.html(" 其他页 ");
        }
    });
    var router = new testrouter();
    router.route('search2/:key/p:page', 'search_key_page',
        function (key, page) {
            $divShow.html(" 实例化后，查询关键字为 " + key +
            " 记录 , 页码为 " + page);
        });
```

```
        Backbone.history.start();
</script>
</html>
```

3. 页面效果

代码执行后的页面效果如图 7-7 所示。

图 7-7 route 方法的使用

4. 源码分析

从图 7-7 可以看出，无论是在初始化时调用 route 方法声明的匹配规则，还是在实例化导航对象后，调用 route 方法对原有匹配规则进行的修改，都可以正常实现预期的效果，其实现的代码也非常简单，不赘述。

7.3.2 navigate 方法的使用

在 router 类中，navigate 方法的功能是自动跳转到指定的 hash 属性值中，并通过方法中的配置对象设置是否执行与 hash 属性匹配规则对应的动作（action）函数，该方法的调用格式如下。

```
objrouter.navigate(fragment, options)
```

其中，objrouter 参数为实例化后的导航对象；参数 fragment 表示 url 片段，即指定的 hash 属性值；options 参数为方法的配置对象。如果在该对象中，将 trigger 属性值设置为 true，将执行与 hash 属性匹配规则对应的动作（action）函数，否则不执行该函数。接下来通过一个完整的示例进行介绍。

示例 7-8 使用 navigate 方法实现动态刷新

1. 功能描述

在页面中使用 setInterval 方法隔时调用 navigate。在调用时，根据累加值的奇偶性跳转到不同的 hash 属性值中。当执行对应的动作（action）函数，将获取的参数内容显示在页面中，实现动态刷新轮流、显示不同内容的页面效果。

2. 实现代码

新建一个 HTML 文件 7-8.html，加入如代码清单 7-8 所示的代码。

代码清单 7-8 navigate 方法的使用

```html
<!DOCTYPE html PUBLIC "-//W3C//DTD XHTML 1.0 Transitional//EN"
"http://www.w3.org/TR/xhtml1/DTD/xhtml1-transitional.dtd">
<html xmlns="http://www.w3.org/1999/xhtml">
<head>
    <title>navigate() 方法 </title>
    <script src="Js/jquery-1.8.2.min.js"
            type="text/javascript"></script>
    <script src="Js/underscore-min.js"
            type="text/javascript"></script>
    <script src="Js/backbone-min.js"
            type="text/javascript"></script>
    <style type="text/css">
        div
        {
            margin:5px 0px;
            font-size: 13px;
        }
    </style>
</head>
<body>
    <div id="divShow"></div>
</body>
<script type="text/javascript">
    var $divShow = $("#divShow");
    var testrouter = Backbone.Router.extend({
        routes: {
            'search2/:key': 'search2_key',
            'search3/:key': 'search3_key'
        },
        search2_key: function (key) {
            $divShow.html(" 查询 2 关键字为 " + key + " 记录 ");
        },
        search3_key: function (key) {
            $divShow.html(" 查询 3 关键字为 " + key + " 记录 ");
        }
    });
    var router = new testrouter();
    var intnum = 0;
    window.setInterval(function () {
        intnum++;
        if (intnum % 2 == 0)
            router.navigate("search2/abc", { trigger: true });
        else
            router.navigate("search3/def", { trigger: true });
    }, 3000);
    Backbone.history.start();
</script>
</html>
```

3. 页面效果

代码执行后的页面效果如图 7-8 所示。

图 7-8　navigate 方法的使用

4. 源码分析

在本示例的 JavaScript 代码中，首先构建 router 类时添加 routes 属性，在该属性值中声明 hash 属性的匹配规则，并自定义规则中需要执行的对应动作（action）函数，在函数中获取传回的值，并将该值显示在页面指定的元素中。然后实例化一个 router 类对象，并定义一个用于累加值的全局变量 intnum。最后执行 setInterval 方法，累加变量 intnum 的值，根据该变量值的奇偶性，调用 navigate 方法跳转到不同的 hash 属性地址中。在跳转过程中，将执行对应的动作（action）函数，在页面中显示传入的参数内容，最终实现动态无刷新、切换不同地址、显示不同页面内容的功能。

7.4　history 对象的 stop 方法

在前面的章节中介绍过，router 对象的导航功能实际上是由 router 和 history 两个类共同完成的。前者用于定义和解析 hash 属性的匹配规则，并将规则中的 url 映射到对应的动作（action）函数；后者则是监听 url 的变化，并执行对应的动作（action）函数。

因此，history 对象在导航时也十分重要，但通常并不直接进行对象声明，因为在实例化一个 router 对象时就已经创建一个单独的 history 对象，开发人员可以直接通过调用 Backbone.history 方式来进行访问。例如，前面章节中介绍的 Backbone.history.start 代码就是直接调用 history 对象中的 start 方法。与该方法相对应的还有一个 stop 方法，它的功能是停止监听 url 的变化，调用的格式如下所示。

```
Backbone.history.stop()
```

一旦加入上述代码，history 对象将停止监听 url 变化，因此，即使声明了 hash 属性的匹配规则和执行的动作（action）函数，也不会触发并执行这些函数和绑定的事件。接下来通过一个完整的示例进行介绍。

示例 7-9 使用 stop 方法切换动态无刷新显示内容

1. 功能描述

在示例 7-8 的基础之上添加一个开关按钮，首次单击"停止"按钮时，停止动态无刷新显示内容的效果，并且按钮显示的内容变为"开始"。再次单击"开始"按钮时，将重新启动无刷新显示内容的效果，并且按钮显示的内容恢复为"停止"。

2. 实现代码

新建一个 HTML 文件 7-9.html，加入如代码清单 7-9 所示的代码。

代码清单 7-9 stop 方法的使用

```
<!DOCTYPE html PUBLIC "-//W3C//DTD XHTML 1.0 Transitional//EN"
"http://www.w3.org/TR/xhtml1/DTD/xhtml1-transitional.dtd">
<html xmlns="http://www.w3.org/1999/xhtml">
<head>
    <title>stop() 方法 </title>
    <script src="Js/jquery-1.8.2.min.js"
            type="text/javascript"></script>
    <script src="Js/underscore-min.js"
            type="text/javascript"></script>
    <script src="Js/backbone-min.js"
            type="text/javascript"></script>
    <style type="text/css">
        div
        {
            margin:5px 0px;
            font-size: 13px;
        }
    </style>
</head>
<body>
    <div id="divShow"></div>
    <input id="btnStop" type="button" value="停止 " />
</body>
<script type="text/javascript">
    var $divShow = $("#divShow");
    var testrouter = Backbone.Router.extend({
        routes: {
            'search2/:key': 'search2_key',
            'search3/:key': 'search3_key'
        },
        search2_key: function (key) {
            $divShow.html("查询 2 关键字为 " + key + " 记录");
        },
        search3_key: function (key) {
            $divShow.html("查询 3 关键字为 " + key + " 记录");
        }
    });
    var router = new testrouter();
```

```
var intnum = 0;
window.setInterval(function () {
    intnum++;
    if (intnum % 2 == 0)
        router.navigate("search2/abc", { trigger: true });
    else
        router.navigate("search3/def", { trigger: true });
}, 3000);
Backbone.history.start();
$("#btnStop").bind("click", function () {
    if ($(this).val() == "停止") {
        $(this).val("开始");
        Backbone.history.stop();
    } else {
        $(this).val("停止");
        Backbone.history.start();
    }
});
</script>
</html>
```

3. 页面效果

代码执行后的页面效果如图 7-9 所示。

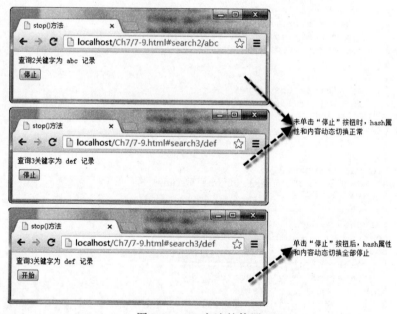

图 7-9　stop 方法的使用

4. 源码分析

关于实现动态无刷新切换 hash 属性和页面显示内容的功能已在示例 7-8 的源码分析中详细介绍，在此不赘述。

在本示例新添加的"停止"按钮单击事件中，首次单击时，按钮的 val 值为"停止"，先将按钮的 val 值修改为"开始"，以用于下次单击时进行判断。然后调用 history 对象的 stop 方法停止 URL 地址的监听，从而停止整个的页面中动态无刷新切换 hash 属性和显示内容的功能。当用户再次单击时，按钮的 val 值为"开始"，先将按钮的 val 值修改为"停止"，然后调用 history 对象的 start 方法重新启动 URL 地址的监听，实现页面中动态无刷新切换 hash 属性和显示内容的效果。

7.5 本章小结

router 类的导航对象在 Backbone 中占据十分重要的位置，也是开发复杂的 MVC 应用时不可缺少的组成部分，掌握 router 类中的导航对象是使用 Backbone 框架开发应用的重要基础。本章首先从最基础的浏览器导航对象 history、location 讲起，重点介绍了 router 导航对象的 hash 属性绑定的多种方式和规则，最后通过几个完整示例介绍了 router 导航对象的几个重要方法，为全面了解和掌握 router 导航对象的使用打下扎实的理论基础。

第 8 章

综合案例：Backbone 框架开发 Web 应用

通过前面章节的介绍，相信大家已经掌握了使用 Backbone 框架开发应用的相关基础知识。本章通过两个完整案例的开发进一步巩固所学的知识，理解并掌握使用 Backbone 框架开发单页 Web 应用的具体流程，为最终自己动手开发打下扎实的基础。

8.1 案例 1：学生信息管理系统

本案例中，通过 Backbone 框架构建一个基于 MVC 结构的前端 Web 学生信息管理系统。在该系统中，Mode 对象负责构建数据结构，Collection 对象负责存储数据，多个 View 对象实现与页面的交互效果。当数据结构发生变化时，改变存储中的数据，并即时展显在页面中。

8.1.1 需求分析

针对单页的学生信息管理系统，用户有如下需求。

1）在页面中以列表的方式即时显示已增加学生的全部信息。

2）单击"增加"按钮可以新增学生的资料信息，并即时显示在页面中。

3）在展示信息的列表中，双击任意一行选项进行数据编辑，丢失焦点后实现数据更新。

4）在展示信息的列表中，单击"删除"按钮可以移除指定的任意一行数据。

5）在新增加学生资料信息时，必须检测必填项的内容是否为空，以及"年龄"是否为数字。

8.1.2 界面效果

用户首次进行页面时，可以添加多个学生的资料信息，已增加的学生信息将会以列表的方式显示在页面中，其实现的页面效果如图 8-1 所示。

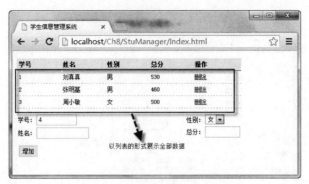

图 8-1   以列表的方式展示全部数据

用户在图 8-1 中添加"姓名"、"总分"，并选择性别，单击"增加"按钮之后，新增加的学生数据将即时显示在页面中，其实现的页面效果如图 8-2、图 8-3 所示。

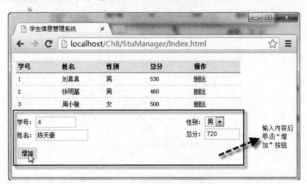

图 8-2   输入新增数据的内容

图 8-3   即时展示新增的数据记录

用户在学生信息展示页中双击任意一行数据时，该行数据进入编辑状态。丢失焦点后，保存编辑时的数据，其实现的页面效果如图 8-4 所示。

用户在学生信息展示页中单击任意一行的"删除"链接时，将即时无刷新地删除该行数据，其实现的页面效果如图 8-5 所示。

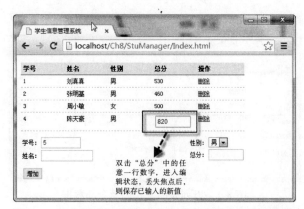

图 8-4 双击任意一行数据时，该行数据进入编辑状态

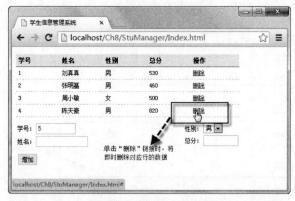

图 8-5 单击"删除"链接时，即时删除对应行的数据

用户在学生信息展示页中单击"增加"按钮时，如果"姓名"为空或"分数"不为数字时，都将出现错误提示，而无法增加数据，其实现的页面效果如图 8-6 所示。

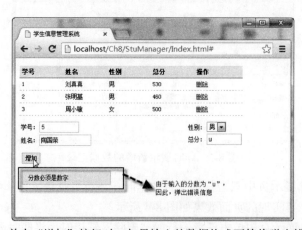

图 8-6 单击"增加"按钮时，如果输入的数据格式不符将弹出错误信息

8.1.3 功能实现

在本案例中，为了使用 Backbone 框架构建一个 MVC 结构的学生信息管理系统，首先在单页面中通过 <script> 元素导入 Backbone 框架文件、依赖文件 Underscore 和第三方的 jQuery 库。然后，编写一个名为"application"的 JS 格式文件，在该文件中实现 MVC 结构的构造和功能的开发。

为了使读者更加清楚地理解本案例中各个文件之间的结构关系，下面列出本案例在项目中的文件夹层次结构，如图 8-7 所示。

如图 8-7 所示，本案例只有一个名为"Index"的 HTML 文件，在该文件中定义展示模板和添加各类操作元素，该页面的代码如代码清单 8-1 所示。

图 8-7　学生信息管理系统文件夹结构

代码清单 8-1　学生信息管理系统首页代码

```html
<!DOCTYPE html>
<html>
<head>
    <title>学生信息管理系统</title>
    <script src="Js/jquery-1.8.2.min.js"
            type="text/javascript"></script>
    <script src="Js/underscore-min.js"
            type="text/javascript"></script>
    <script src="Js/backbone-min.js"
            type="text/javascript"></script>
    <script src="Js/application.js"
            type="text/javascript"></script>
    <link href="Css/student.css" rel="stylesheet"
            type="text/css" />
</head>
<body>
    <div id="stuManager">
        <ul id="ulMessage">
            <li class='li_h'>
                <span>学号</span> <span>姓名</span>
                <span>性别</span> <span>总分</span>
                <span>操作</span>
            </li>
        </ul>
        <script type="text/template" id="item-template">
            <span><%= StuID %></div></span>
            <span class="show">
                    <div class="disp"><%= Name %></div>
                    <div class="edit">
                            <input type="text"
                            name="Name" id="Name"
                            class="inputtxt" size="8" />
                    </div>
            </span>
            <span class="show">
                    <div class="disp"><%= Sex %></div>
```

```html
                <div class="edit">
                    <select name="Sex" id="Sex">
                        <option value="男">男</option>
                        <option value="女">女</option>
                    </select>
                </div>
            </span>
            <span class="show">
                <div class="disp"><%= Score %></div>
                <div class="edit">
                    <input type="text" name="Score"
                            id="Score" class="inputtxt"
                            size="8" />
                </div>
            </span>
            <span><a href="#">删除</a></span>
        </script>
        <div class="input">
            <span class="spanl">
                学号: <input type="text" readonly="readonly"
                            name="StuID" id="StuID"
                            class="inputtxt" size="10" />
                <br />
                 姓名: <input type="text" name="Name" id="Name"
                            class="inputtxt" size="15" />
            </span>
            <span class="spanr">
                性别: <select name="Sex" id="Sex">
                            <option value="男">男</option>
                            <option value="女">女</option>
                        </select>
                <br />
                 总分: <input type="text" name="Score" id="Score"
                            class="inputtxt" size="8" />
            </span>
            <p class="btn">
                <input id="btnAdd" type="button"
                        value=" 增加 " class="inputbtn" />
            </p>
            <p id="pStatus"></p>
        </div>
    </div>
</body>
</html>
```

在首页 Index.html 代码的 <head> 元素中，除导入必要框架文件外，还导入一个名为
"application" 的 JS 文件，它是本案例的核心文件，其内容包括构建 MVC 结构实现需求文
档描述的各类功能，该文件的源码如代码清单 8-2 所示。

代码清单 8-2　application.js 文件的完整代码

```javascript
$(function () {
    // 构建学生对象模型
    var Student = Backbone.Model.extend({
        validate: function (attrData) {
```

```
        for (var obj in attrData) {
            if (attrData[obj] == '') {
                return obj + "不能为空";
            }
            if (obj == 'Score' && isNaN(attrData.Score)) {
                return "分数必须是数字";
            }
        }
    }
});
// 构建基于学生模型的集合
var StudentList = Backbone.Collection.extend({
    model: Student
});
// 实例化一个集合对象
var Students = new StudentList();
// 构建用于模板的视图
var StudentView = Backbone.View.extend({
    tagName: 'li',
    className: 'li_c',
    template: _.template($('#item-template').html()),
    events: {
        "dblclick span": "editing",
        "blur input,select": "blur",
        "click span a": "dele"
    },
    editing: function (e) {
        $(e.currentTarget).removeClass("show")
          .addClass("editing").find('input,select').focus();
    },
    blur: function (e) {
        var $curele = $(e.currentTarget);
        var objData = {};
        objData[$curele.attr('name')] = $curele.val();
        this.model.set(objData, { 'validate': true });
        $(e.currentTarget).parent()
          .parent().removeClass("editing").addClass("show");
    },
    dele: function () {
        this.model.destroy();
    },
    initialize: function () {
        this.model.on('change', this.render, this);
        this.model.on('destroy', this.remove, this);
    },
    render: function () {
        $(this.el).html(this.template(this.model.toJSON()));
        this.setValue();
        return this;
    },
    remove: function () {
        $(this.el).remove();
    },
    setValue: function () {
        var model = this.model;
        $(this.el).find('input,select').each(function () {
```

```
                    var $curele = $(this);
                    $curele.val(model.get($curele.attr("name")));
                });
            }
        });
        // 构建主页视图
        var stuAppView = Backbone.View.extend({
            el: $("#stuManager"),
            events: {
                "click #btnAdd": "newstu"
            },
            // 绑定 collection 的相关事件
            initialize: function () {
                Students.bind('add', this.addData, this);
                $("#StuID").val(Students.length + 1);
            },
            newstu: function (e) {
                var stu = new Student();
                var objData = {};
                $('#Name,#Sex,#Score').each(function () {
                    objData[$(this).attr('name')] = $(this).val();
                });
                stu.bind('invalid', function (model, error) {
                    $("#pStatus").show().html(error);
                });
                if (stu.set(objData, { 'validate': true })) {
                    Students.add(stu);
                    $("#pStatus").hide();
                }
            },
            addData: function (stu) {
                stu.set({ "StuID": stu.get("StuID")
                        || Students.length });
                var stuView = new StudentView({ model: stu });
                $("#ulMessage").append(stuView.render().el);
                $('#Name,#Score').each(function () {
                    $(this).val("");
                });
                $("#StuID").val(Students.length + 1);
            }
        });
        // 实例化一个主页视图对象
        var stuAppView = new stuAppView();
    });
```

在首页 Index.html 文件中，还包含一个名为"student"的 CSS 文件，它的功能是控制整个案例页面的布局和各元素显示的样式，该文件的完整代码如代码清单 8-3 所示。

代码清单 8-3　student.css 文件的完整代码

```
@charset "utf-8";
/* CSS Document */
body
{
    font-size:12px
}
```

```css
.inputbtn
{
    border:solid 1px #ccc;
    background-color:#eee;
    line-height:18px;
    font-size:12px
}
.inputtxt
{
    border:solid 1px #ccc;
    line-height:18px;
    font-size:12px;
    padding-left:3px
}
ul
{
    list-style:none;
    padding:0px;
    margin:10px 0px 15px 0px;
    text-align:center
}
.input
{
    clear:both;
    padding-top:10px;
    padding-left:3px;
    width:457px
}
.spanl
{
    float:left
}
.spanr
{
    float:right
}
.btn
{
    padding-top:10px;
    clear:both
}
#pStatus{
    display:none;
    border:1px #ccc solid;
    width:158px;
    background-color:#eee;
    padding:6px 12px 6px 12px;
    margin-left:2px
}
#stuManager
{
    width:460px;
}
#ulMessage
{
```

```
        width:460px
    }
    #ulMessage span
    {
        width:90px;
        float:left;
        text-align:left
    }
    .show .edit,.editing .disp
    {
        display:none;
    }
    .show .disp,.editing .edit
    {
        display:block;
    }
    .li_h
    {
        border-bottom:solid 1px #666;
        float:left;
        background-color:#eee;
        padding:5px;
        font-weight:bold
    }
    .li_c
    {
        border-bottom:dashed 1px #ccc;
        float:left;
        padding:5px
    }
```

8.1.4 代码分析

为了更好地分析本案例中所涉及的代码,将案例的代码文件分成 HTML 页面代码和 JavaScript 文件代码两个部分来进行分析。

1. HTML 页面代码

在本案例的首页 Index.html 文件中,先在 <head> 元素中通过 <script> 标记导入 Backbone 主框架、Underscore 依赖库、jQuery 库文件和 CSS 样式及自定义的 JS 文件,代码如下。

```
<head>
    <title>学生信息管理系统 </title>
    <script src="Js/jquery-1.8.2.min.js"
            type="text/javascript"></script>
    <script src="Js/underscore-min.js"
            type="text/javascript"></script>
    <script src="Js/backbone-min.js"
            type="text/javascript"></script>
    <script src="Js/application.js"
            type="text/javascript"></script>
    <link href="Css/student.css" rel="stylesheet"
```

```
                          type="text/css" />
</head>
```

需要说明的是，文件的执行与导入时的顺序有关，因此在导入 Backbone 主框架文件之前，应先导入依赖库 Underscore 文件，而自定义的 JS 文件依赖于 Backbone 主框架文件，因此该文件通常都被放置在文件导入的最后一行。

首页 Index.html 的结构由三个部分组成。

❑ 第一部分是 <ul> 元素，用于显示全部学生信息数据的标题和动态增加的内容，即标题部分以下的内容都来源于动态增加的模板数据。

❑ 第二部分是 ID 号为" item-template"的模板元素。功能是动态显示已增加学生的数据信息。在模板元素中，每一个可编辑的选项都被类别名为" show"的 <span> 元素包裹，在包裹的 <span> 元素中，分别定义了两个类别名为" disp"和" edit"的 <div> 元素，前者用于显示，是默认值，后者用于双击显示项时，切换至该项的编辑状态，因此，在类别名为" edit"的 <div> 元素中，包含对应的文本输入框或下拉列表元素。

❑ 第三部分是类别名为" input"的 <div> 元素。在该部分中，添加录入学生信息的文本输入框和下拉列表及"增加"按钮元素。此外，ID 号为" pStatus"的 <p> 元素用于录入数据不符时显示错误提示信息；在 Backbone 框架中，构建基于 MVC 的前端应用时，HTML 页面文件与 JavaScript 代码文件都是分离的，它们之间只通过 JavaScript 文件中的代码进行互访。

2. JavaScript 文件代码

通过上述 HTML 页面代码分析我们获知，首页 Index.html 的代码仅是提供模板和定义操作元素，并不进行逻辑操作，所有的操作都是通过名为" application"的 JS 文件来进行的，该文件的代码结构按功能模块可以分成下列四个部分。

（1）构建 Mode 类

在该部分中，调用 extend 方法构建一个名为" Student"的学生模型类。在构建过程中，通过定义 validate 方法，对每项模型中的数据值是否为空进行验证。如果为空，返回对应提示信息；如果是分数项的值不为数字，则返回"分数必须是数字"的字样，对应代码如下。

```
// 构建学生对象模型
    var Student = Backbone.Model.extend({
        validate: function (attrData) {
            for (var obj in attrData) {
                if (attrData[obj] == '') {
                    return obj + "不能为空";
                }
                if (obj == 'Score' && isNaN(attrData.Score)) {
                    return "分数必须是数字";
                }
            }
        }
    });
```

（2）构建 Collection 类并实例化对象

该部分中的代码非常简单，同样也是调用 extend 方法构建一个名为"StudentList"的模型集合类。在构建过程中，使用 mode 方法声明该类基于 Student 模型，最后调用 new 实例化一个名为"Students"的集合对象，用于后续代码的调用，对应代码如下。

```
// 构建基于学生模型的集合
    var StudentList = Backbone.Collection.extend({
        model: Student
    });
    // 实例化一个集合对象
    var Students = new StudentList();
```

（3）构建一个用于模板的 View 类

在该部分的代码中，使用 extend 方法构建一个名为"StudentView"的视图类。在构建过程中，分别使用 tagName、className、template 定义该类对象显示时的元素标记、类别名称和模板内容，并使用 events 属性定义多个事件列表，下面介绍几个关键事件对应方法的代码。

在定义事件的列表中，双击显示项 <span> 元素时，将调用自定义的 editing 方法。该方法的功能是通过传回的 e 对象获取双击时的元素，并移除该元素的 show 样式，增加 editing 样式，同时使用该项的输入框获取焦点，实现的代码如下。

```
... 省略部分代码
editing: function (e) {
    $(e.currentTarget).removeClass("show")
        .addClass("editing").find('input,select').focus();
}
... 省略部分代码
```

在定义的事件列表中，处理编辑状态的文本输入框或下拉列表丢失焦点时，将调用自定义的 blur 方法，先获取当前文本输入框或下拉列表元素，并获取对应的值。

接下来，定义一个名为"objData"的 JSON 变量，并将该值设为 objData 变量中 key 值对应的 value 值。最后通过调用模型的 set 方法更新该 JSON 变量，从而实现对应选项数据更新的功能，并通过样式间的切换将编辑状态转成显示状态，实现的代码如下。

```
... 省略部分代码
blur: function (e) {
    var $curele = $(e.currentTarget);
    var objData = {};
    objData[$curele.attr('name')] = $curele.val();
    this.model.set(objData, { 'validate': true });
    $(e.currentTarget).parent()
        .parent().removeClass("editing").addClass("show");
}
... 省略部分代码
```

（4）构建一个基于主页面的 View 类

在该部分的代码中，使用 extend 方法构建一个名为"stuAppView"的视图类。在构建该视图类时，分别使用 el、events 属性定义该类对象应用的元素名和事件列表。在事件列表中，用户单击 ID 号为"btnAdd"的增加按钮时，将调用自定义的 newstu 方法。

在自定义的 newstu 方法中，首先定义一个名为"stu"的模型对象和名为"objData"的 JSON 变量，然后获取页面中用于增加学生信息的数据，并将这些数据以 key/value 的形式添加至 objData 对象中。最后，使用 set 方法将 objData 对象中的数据重置为 stu 模型对象的属性，并调用集合对象 Students 的 add 方法，将 stu 对象增加至集合中，实现的代码如下。

```
... 省略部分代码
newstu: function (e) {
    var stu = new Student();
    var objData = {};
    $('#Name,#Sex,#Score').each(function () {
        objData[$(this).attr('name')] = $(this).val();
    });
    stu.bind('invalid', function (model, error) {
        $("#pStatus").show().html(error);
    });
    if (stu.set(objData, { 'validate': true })) {
        Students.add(stu);
        $("#pStatus").hide();
    }
}
... 省略部分代码
```

在集合对象调用 add 方法增加模型对象时，将自动执行绑定的自定义方法 addData。在该方法中，首先调用 set 方法重置 stu 对象的 StuID 属性值，然后实例化一个名为"stuView"的模板视图对象。在实例化过程中，通过 mode 属性指定该对象的模型为 stu 对象，最后将 stuView 模板对象使用 render 方法渲染后的页面效果追加到 <ul> 元素中，实现单击"增加"按钮后即时显示的页面效果，实现的代码如下。

```
... 省略部分代码
addData: function (stu) {
    stu.set({ "StuID": stu.get("StuID") || Students.length });
    var stuView = new StudentView({ model: stu });
    $("#ulMessage").append(stuView.render().el);
    $('#Name,#Score').each(function () {
        $(this).val("");
    });
    $("#StuID").val(Students.length + 1);
}
... 省略部分代码
```

为了在页面中执行事件绑定的方法，在名为"application"的 JS 文件最后，必须实例化一个基于主页面的视图对象，代码如下所示。

```
// 实例化一个基于主页的视图对象
var stuAppView = new stuAppView();
```

通常情况下，视图类的构建由业务需求决定，多个功能对应多个视图类。在视图类中可以直接与模型和集合进行数据交互，并最终通过一个视图对象，将交互后的结果显示在页面中。

8.2　案例 2：人员资料管理系统

虽然都是基于 Backbone 框架构建一个 MVC 结构的前端内容管理应用系统，与上一个案例相比本案例最大的特点是：借助一个 Backbone 框架自带的数据缓存插件，可以随时保存操作过程中的人员资料数据，包括增加、删除、编辑之后的数据信息。

另外，本案例充分使用页面中的模板功能，所有的功能操作和效果展示都基于不同内容的模板，并且借助导航对象，实现各功能的页面操作。

8.2.1　需求分析

针对单页的人员资料信息管理系统，用户有如下需求。

1）在页面中以列表的方式即时显示已增加人员的全部"姓名"信息。

2）单击"新建"按钮可以录入人员信息，单击"保存"按钮后即时显示在页面中。

3）在查询文本输入框中输入字符后，将在列表中即时显示相匹配的数据信息。

4）单击列表中的任意一条"姓名"记录时，将显示该条记录的详细资料。

5）在显示用户详细资料时单击"编辑"按钮，可以对该数据进行编辑。

6）在显示用户详细资料时单击"删除"按钮，可以直接删除对应的用户资料数据。

8.2.2　界面效果

在进入本系统首页时，如果之前添加过人员资料数据，系统将会通过一个缓存插件保存在本地，并以列表的方式显示全部数据中的"姓名"项数据，实现的页面效果如图 8-8 所示。

图 8-8　系统首页效果

用户在首页中单击"新建"按钮，便进入新增数据录入界面。在该界面中，录入人员资料相关的信息后，单击"保存"按钮，则将该数据保存在内存中。同时即时显示在首页的"姓名"列表中，表示人员资料信息增加成功，实现的页面效果如图 8-9、图 8-10 所示。

图 8-9　人员信息资料录入界面

图 8-10　人员信息资料增加成功界面

用户在查询文本框中输入任意字符时，"姓名"列表将会自动根据输入的字符进行匹配，并将匹配后的结果显示在"姓名"列表中，其实现的页面效果如图 8-11 所示。

图 8-11 自动根据查询字符匹配"姓名"列表

单击"姓名"列表中的任意一个"姓名"选项，进入详细资料展示页。在该页中，单击
"编辑"按钮，则进入资料编辑页。在编辑页中，用户可以修改用户资料中的数据信息，单
击"保存"按钮后返回详细资料展示页，其实现的页面效果如图 8-12 所示。

图 8-12 编辑用户的资料信息

与"编辑"功能操作相同，用户在"姓名"列表中单击任意一个"姓名"项时，进入用户资料详细页。在详细页中，可以单击"删除"按钮，一旦删除成功，"姓名"列表中将即时自动移除被删除的信息，其实现的页面效果如图 8-13、图 8-14 所示。

图 8-13　选择需要删除的姓名并单击删除按钮

图 8-14　删除成功后即时移除"姓名"列表中的对应记录

8.2.3 功能实现

本案例与前一个案例的结构相似，都使用 Backbone 框架构建 MVC 的前端单页应用。在单页中，不仅导入 Backbone 主框架库、依赖库 Underscore 及第三方 jQuery 库文件，而且还引入了一个专门用于 Backbone 开发时使用的缓存插件 backbone-localstorage.js 文件，该文件的功能是缓存 MVC 结构中集合对象的数据记录。

在本案例的 application.js 文件中，编写代码构建应用的 MVC 层次关系，并将在操作过程中的数据缓存在指定的对象中，同时结合页面中的各个功能模板绑定并渲染不同的数据，从而最终实现需求文档中对应的各项功能。

为了使读者更加清楚地理解本案例中各个文件之间的结构关系，列出本案例在项目中的文件夹层次结构，如图 8-15 所示。

如图 8-15 所示，因为是单页应用的开发，本案例只有一个名为"Index"的 HTML 文件，在该文件中定义了多种展示数据的模板供逻辑层中的 JS 文件使用，该页面的代码如代码清单 8-4 所示。

图 8-15　人员资料管理系统文件夹结构

代码清单 8-4　人员资料信息管理首页代码

```html
<!DOCTYPE html>
<html>
<head>
  <title> 人员信息管理系统 </title>
  <script src="Js/jquery-1.8.2.min.js"
          type="text/javascript"></script>
  <script src="Js/underscore-min.js"
          type="text/javascript"></script>
  <script src="Js/backbone-min.js"
          type="text/javascript"></script>
  <script src="js/backbone-localstorage.js"
          type="text/javascript"></script>
  <script src="Js/application.js"
          type="text/javascript"></script>
  <link href="Css/person.css" rel="stylesheet"
          type="text/css" />
</head>
<body>
  <div id="info"></div>
</body>
  <script type="text/template" id="tpl-item">
      <%= (name ? name : "<i>姓名为空 </i>") %>
  </script>
  <script type="text/template" id="tpl-top">
    <header>
      <input type="search" autofocus>
    </header>
    <div class="items"></div>
    <footer>
```

```
          <button> 新建 </button>
        </footer>
    </script>
    <script type="text/template" id="tpl-show">
      <header>
        <a class="edit"> 编辑 </a>
      </header>
      <div class="content">
        <p> 姓名: <%= name %></p>
        <p> 性别: <%= sex %></p>
        <p> 邮箱: <%= email %></p>
      </div>
    </script>
    <script type="text/template" id="tpl-edit">
      <header>
        <a class="save"> 保存 </a>
        <a class="dele"> 删除 </a>
      </header>
      <div class="content">
        <form>
          <div>
            <span> 姓名: </span>
            <input type="text" id="name"
                   name="name" value="<%= name %>">
          </div>
          <div>
            <span> 性别: </span>
            <input type="text" id="sex"
                   name="sex" value="<%= sex %>">
          </div>
          <div>
            <span> 邮箱: </span>
            <input type="email" id="email"
                   name="email" value="<%= email %>">
          </div>
        </form>
      </div>
    </script>
  </html>
```

在首页 Index.html 代码的 <head> 元素中，除导入必要框架文件和一个用于缓存数据的插件文件外，还导入一个名为"application"的 JS 文件，它是本案例的核心文件，其内容包括构建 MVC 结构、调用页面模板绑定渲染数据，以及实现人员信息管理系统中的增加、删除、编辑、查询的功能。该文件的源码如代码清单 8-5 所示。

代码清单 8-5　application.js 文件的完整代码

```
(function ($) {
    $(document).ready(function () {
        // 构建人员资料信息数据模块类
        var Person = Backbone.Model.extend({
            defaults: {
                name: '',
                sex: '',
```

```
                email: ''
            },
            search: function (key) {
                if (typeof (key) === 'undefined' ||
                            key === null || key === '')
                    return true;
                key = key.toLowerCase();
                return this.get('name')
                            .toLowerCase().indexOf(key) != -1 ||
                        this.get('email')
                            .toLowerCase().indexOf(key) != -1;
            }
        });
        // 构建基于模块类的集合类并指定数据缓存对象
        var Persons = Backbone.Collection.extend({
            model: Person,
            localStorage: new Store('person-data')
        });
        // 构建 "姓名" 列表中单个选项的视图
        var PersonItemView = Backbone.View.extend({
            className: 'item',
            template: _.template($('#tpl-item').html()),
            events: {
                'click': 'select'
            },
            initialize: function () {
                _.bindAll(this, 'select');
                this.model.bind('reset', this.render, this);
                this.model.bind('change', this.render, this);
                this.model.bind('destroy', this.remove, this);
                if (this.model.view) this.model.view.remove();
                this.model.view = this;
            },
            render: function () {
                this.$el.html(this.template(this.model.toJSON()));
                return this;
            },
            select: function () {
                appRouter.navigate('person/' + this.model.cid, {
                    trigger: true
                });
            },
            sele: function () {
                this.$el.addClass('sele');
            },
            desele: function () {
                this.$el.removeClass('sele');
            }
        });
        // 构建顶部搜索和新建人员信息的视图类
        var TopView = Backbone.View.extend({
            className: 'top',
            template: _.template($('#tpl-top').html()),
            events: {
                'click footer button': 'create',
                'keyup input': 'search'
            },
```

```
initialize: function () {
    _.bindAll(this, 'create', 'search');
    this.model.bind('reset', this.renderAll, this);
    this.model.bind('add', this.add, this);
    this.model.bind('remove', this.remove, this);
},
render: function () {
    $(this.el).html(this.template());
    this.renderAll();
    return this;
},
renderAll: function () {
    this.$(".items").empty();
    console.log(this);
    this.model.each(this.renderOne, this);
    this.search();
},
renderOne: function (contact) {
    var view = new PersonItemView({
        model: contact
    });
    this.$(".items").append(view.render().el);
},
create: function () {
    var contact = new Person();
    this.model.add(contact);
    appRouter.navigate('person/' +
                        contact.cid + '/edit', {
        trigger: true
    });
},
search: function () {
    var key = $('input', this.el).val();
    this.model.each(
    function (contact, element, index, list) {
        contact.view.$el.toggle(contact.search(key));
    });
},
sele: function (item) {
    if (this.seleItem) this.seleItem.view.desele();
    this.seleItem = item;
    if (this.seleItem) this.seleItem.view.sele();
},
add: function (contact) {
    this.renderOne(contact);
},
remove: function (contact) {
    console.log(contact.cid);
}
});
// 构建用于显示个人资料详细页的视图类
var ShowView = Backbone.View.extend({
    className: 'show',
    template: _.template($('#tpl-show').html()),
    events: {
```

```
                    'click .edit': 'edit'
                },
                initialize: function () {
                    _.bindAll(this, 'edit');
                },
                render: function () {
                    if (this.item) this.$el.html(
                        this.template(this.item.toJSON()));
                    return this;
                },
                change: function (item) {
                    this.item = item;
                    this.render();
                },
                edit: function () {
                    if (this.item) appRouter.navigate(
                    'person/' + this.item.cid + '/edit', {
                        trigger: true
                    });
                }
            });
            // 构建用于编辑个人资料信息的视图类
            var EditView = Backbone.View.extend({
                className: 'edit',
                template: _.template($('#tpl-edit').html()),
                events: {
                    'click .save': 'submit',
                    'click .dele': 'remove'
                },
                initialize: function () {
                    _.bindAll(this, 'submit', 'remove');
                },
                render: function () {
                    if (this.item) this.$el.html(
                        this.template(this.item.toJSON()));
                    return this;
                },
                change: function (item) {
                    this.item = item;
                    this.render();
                },
                submit: function () {
                    this.item.set(this.form());
                    this.item.save();
                    appRouter.navigate('person/' + this.item.cid, {
                        trigger: true
                    });
                    return false;
                },
                form: function () {
                    return {
                        name: this.$('#name').val(),
                        email: this.$('#email').val(),
                        sex: this.$('#sex').val()
                    };
                },
```

```javascript
    remove: function () {
        this.item.destroy();
        this.item = null;
        appRouter.navigate('', {
            trigger: true
        });
    }
});
// 构建包含显示和编辑视图对象的主视图类
var MainView = Backbone.View.extend({
    className: 'main unact',
    initialize: function () {
        this.editView = new EditView();
        this.showView = new ShowView();
    },
    render: function () {
        this.$el.append(this.showView.render().el);
        this.$el.append(this.editView.render().el);
        return this;
    },
    edit: function (item) {
        this.showView.$el.removeClass('sele');
        this.editView.$el.addClass('sele');
        this.editView.change(item);
    },
    show: function (item) {
        this.editView.$el.removeClass('sele');
        this.showView.$el.addClass('sele');
        this.showView.change(item);
    }
});
// 构建整个页面展示的视图类，包含顶部和主视图两个对象
var AppView = Backbone.View.extend({
    className: 'person',
    initialize: function () {
        this.top = new TopView({
            model: this.model
        });
        this.main = new MainView();
        this.model.fetch();
        this.render();
    },
    render: function () {
        this.$el.append(this.top.render().el);
        this.$el.append(this.main.render().el);
        $('#info').append(this.el);
        return this;
    },
    show: function (item) {
        this.top.sele(item);
        this.main.show(item);
    },
    edit: function (item) {
        this.top.sele(item);
        this.main.edit(item);
    }
});
```

```
// 构建路由导航类，根据不同 Hash 执行对应方法
var AppRouter = Backbone.Router.extend({
    routes: {
        '': 'show',
        'person/: id': 'show',
        'person/: id/edit': 'edit'
    },
    show: function (id) {
        if (id != undefined) {
            appView.show(this.getPerson(id));
        } else {
            appView.show(person.first());
        }
    },
    edit: function (id) {
        appView.edit(this.getPerson(id));
    },
    getPerson: function (id) {
        return person.get(id);
    }
});
var person = new Persons();
// 实例化一个整体页面视图对象，启动各个数据绑定和渲染功能
window.appView = new AppView({
    model: person
});
// 实例化一个路由导航对象
window.appRouter = new AppRouter();
// 开启路由导航功能
Backbone.history.start();
});
})(jQuery);
```

本案例的首页 Index.html 文件中，还包含一个名为"person"的 CSS 文件，用于控制整个案例页面的布局和各元素显示的样式，该文件的完整代码如代码清单 8-6 所示。

代码清单 8-6　person.css 文件的完整代码

```
body
{
    font-size: 13px
}
.unact
{
    position: relative;
}
.unact > *: not(.sele)
{
    display: none;
}
button
{
    border: solid 1px #ccc;
    background-color: #eee;
    line-height: 18px;
```

```
        font-size: 12px
}
#info
{
    width: 360px;
    border: solid 1px #ccc;
    background-color: #eee
}
#info .person .top
{
    width: 100%;
}
#info .person .top header input
{
    border: none;
    height: 28px;
    line-height: 28px;
    width: 100%;
    font-size: 20px;
    border: solid 1px #ccc;
    line-height: 18px;
    font-size: 12px;
    padding: 3px
}
#info .person .top .items
{
    overflow-y: scroll;
    background-color: #fff;
}
#info .person .top .item
{
    height: 32px;
    padding: 0 15px;
    line-height: 32px;
    border-bottom: 1px solid #ccc;
    color: #333;
    text-overflow: ellipsis;
    overflow: hidden;
    white-space: nowrap;
}
#info .person .top .item.sele
{
    color: #555;
    background: #eee;
}
#info .person .top footer
{
    padding: 6px;
    border-bottom: 1px solid #c5c5c5;
    background: #fff;
    text-align: right;
}
#info .person .main
{
    width: 100%
}
```

```
#info .person .main header
{
    color: #333;
    font-weight: bold;
    text-shadow: 0 1px 1px #fff;
    font-size: 14px;
    border-bottom: 1px solid #ccc;
    background: #fff;
    overflow: hidden;
}
#info .person .main header a
{
    float: left;
    line-height: 32px;
    height: 32px;
    padding: 0 20px;
    cursor: pointer;
    border-right: 1px solid #ccc;
    text-decoration: none;
}
#info .person .main .content
{
    padding: 20px;
}
```

8.2.4 代码分析

与案例 1 相同，为了便于读者理解，本节仍然将案例 2 的代码分成 HTML 页面和 JavaScript 文件代码两个部分进行分析。

1. HTML 页面代码

在本案例的首页 Index.html 文件中，先在 <head> 元素中通过 <script> 标记导入 Backbone 主框架、依赖库 Underscore、缓存插件、jQuery 库文件和 CSS 样式及自定义的 JS 文件，代码如下。

```
<head>
  <title> 人员信息管理系统 </title>
  <script src="Js/jquery-1.8.2.min.js"
          type="text/javascript"></script>
  <script src="Js/underscore-min.js"
          type="text/javascript"></script>
  <script src="Js/backbone-min.js"
          type="text/javascript"></script>
  <script src="js/backbone-localstorage.js"
          type="text/javascript"></script>
  <script src="Js/application.js"
          type="text/javascript"></script>
  <link href="Css/person.css" rel="stylesheet"
          type="text/css" />
</head>
```

在导入的众多 JS 库文件中，除缓存插件 backbone-localstorage.js 文件外，其余库文件的作用和导入顺序都与案例 1 相同，在此不赘述。

📶 **注意**

缓存插件文件是专门用于 Backbone 框架进行数据缓存的 JS 库，在该库中使用 localStorage 对象存储数据，并调用不同的函数对该对象进行增加、删除、修改操作。如果浏览器不支持该对象，将无法使用该插件的功能。

在 Index.html 文件中，除 \<head\> 元素包含的导入文件之外，它的 \<body\> 主体部分由两部分组成。一部分是一个 ID 号为"info"的 \<div\> 元素，功能是用于加载整个系统的页面元素。

另一部分则由不同功能的页面模板组成。一共有 4 个页面模板，分别为显示列表中的单个"姓名"模板、显示顶部搜索和"新建"按钮模板、显示人员详细资料和编辑人员信息资料模板。这些模板将会在自定义的 application.js 文件中逐一被调用。使用 Backbone 页面模板的好处在于可以被 JS 代码动态调用，组织 JSON 格式数据十分快捷和方便。

2. JavaScript 文件代码

分析完 HTML 页面代码后，接下来重点分析名 application.js 文件。在这个文件中，按功能模块总体分成四个组成部分：模型层、集合层、视图层、路由导航层，接下来分别进行逐一介绍。

（1）模型层

在模型层中，先构建一个名为 Person 的模型类。在构建过程中，使用 defaluts 属性设置模型对象默认的数据，同时定义一个 search 方法，该方法的功能是使用 indexOf 方法检测 key 值是否在模型对象的 name 和 email 属性中存在，如果存在返回 true，否则返回 false，部分代码如下所示。

```
... 省略部分代码
// 构建人员资料信息数据模块类
var Person = Backbone.Model.extend({
    defaults: {
        name: '',
        sex: '',
        email: ''
    },
    search: function (key) {
        if (typeof (key) === 'undefined' ||
                    key === null || key === '')
            return true;
        key = key.toLowerCase();
        return this.get('name')
                    .toLowerCase().indexOf(key) != -1 ||
                this.get('email')
                    .toLowerCase().indexOf(key) != -1;
    }
```

```
    });
... 省略部分代码
```

（2）集合层

构建完成模型类后，接下来是基于该模型构建一个名为"Persons"的集合类。在构建集合类的过程中，通过 mode 属性指定基于的模型类名称，此外实例化一个名为"person-data"的缓存对象，绑定集合的 localStorage 属性，保存整个系统操作时的集合数据，部分代码如下。

```
... 省略部分代码
var Persons = Backbone.Collection.extend({
    model: Person,
    localStorage: new Store('person-data')
});
... 省略部分代码
```

（3）视图层

在构建完集合类之后，接下来的工作就是构建视图类。本案例中有 6 个视图类，其中前 4 个与页面中的模板是一一对应的关系，另外 2 个是主页视图类和页面执行视图类。

在前 4 个视图类中，都先使用 className 属性定义模板渲染页面时绑定的样式类别名，template 属性定义渲染数据的模板名称，events 属性说明模板中各个元素触发事件时执行的方法列表，再调用视图对象的 render 方法，重新渲染模板中模型的 JSON 格式数据，部分代码如下。

```
... 省略部分代码
var PersonItemView = Backbone.View.extend({
    className: 'item',
    template: _.template($('#tpl-item').html()),
    events: {
        'click': 'select'
    },
    ...
    render: function () {
        this.$el.html(this.template(this.model.toJSON()));
        return this;
    },
    select: function () {
        appRouter.navigate('person/' + this.model.cid, {
            trigger: true
        });
    },
    ...
});
... 省略部分代码
```

除构建与页面中模板对应的视图类外，在构建最后一个名为"AppView"的全局视图类时，首先实例化一个 top 视图对象，获取搜索和"新建"按钮元素及与之绑定的事件。然后，实例化一个 main 视图对象，获取显示人员详细信息或编辑人员资料信息的元素和绑定的事件。最后，调用对象的 render 方法，向页面中 ID 号为"info"的 <div> 元素渲染这些获取的页面效果，实现的部分代码如下所示。

```
... 省略部分代码
// 构建整个页面展示的视图类，包含顶部和主视图两个对象
var AppView = Backbone.View.extend({
    className: 'person',
    initialize: function () {
        this.top = new TopView({
            model: this.model
        });
        this.main = new MainView();
        this.model.fetch();
        this.render();
    },
    render: function () {
        this.$el.append(this.top.render().el);
        this.$el.append(this.main.render().el);
        $('#info').append(this.el);
        return this;
    },
    ...
    });
... 省略部分代码
```

（4）路由导航层

除了构建多个视图类之外，还构建一个名为"AppRouter"的路由导航类。由于在多个视图类中调用了导航对象的多个方法，因此在构建这个导航类时，先要通过 routes 属性声明 Hash 的规则和规则对应执行的方法。例如，"'person/:id'"格式执行 show 方法，在对应的 show 方法中，如果传回的 ID 号为空，则默认显示第一个，否则显示指定 ID 号的模型数据，部分代码如下。

```
... 省略部分代码
// 构建路由导航类，根据不同 Hash 执行对应方法
var AppRouter = Backbone.Router.extend({
    routes: {
        '': 'show',
        'person/:id': 'show',
        ...
    },
    show: function (id) {
        if (id != undefined) {
            appView.show(this.getPerson(id));
        } else {
            appView.show(person.first());
        }
    },
    ...
});
... 省略部分代码
```

所有的视图类和路由导航类构建完成，但代码并没有结束，因为仅完成了规则的构建，并没有启动，视图与导航类的启动方式基本相同。视图类是实例化一个视图对象即

可，而路由导航类则需要在实例化一个导航对象后，调用 history 对象的 start 方法才可以，
代码如下。

```
... 省略部分代码
var person = new Persons();
// 实例化一个整体页面视图对象，启动各个数据绑定和渲染功能
window.appView = new AppView({
    model: person
});
// 实例化一个路由导航对象
window.appRouter = new AppRouter();
// 开启路由导航功能
Backbone.history.start();
... 省略部分代码
```

8.3　本章小结

本章先通过一个简单的学生信息管理系统的案例开发，使读者初步了解使用 Backbone
开发单页应用的基本流程和功能实现方法。然后，通过一个完整的人员资料管理系统的案例
开发，使读者进一步理解页面中定义模板的重要性，学会使用 Backbone 的缓存插件来保存
操作过程中数据的方法。相信通过本章两个完整、实用的案例开发，将大大固定在前面章节
中所学习的基础知识。

第 9 章

Require 框架基础知识

Require 是一个轻量级的、按需求、异步加载文件的 JavaScript 框架，它与 Backbone 框架结合使用时，Require 可以有效弥补前端模块开发的不足，分块按需，异步加载 Backbone 框架开发时需要的各个文件，有效避免不必要文件的加载，提升页面浏览速度，成为快速构建前端大型 Web 应用的又一个非常有效的利器。本章从基础开始详细介绍 Require 框架的各个主要知识点。

9.1 构建 Require 框架开发环境

Require 的诞生，可以解决传统 JavaScript 代码开发的两个问题。

1）避免同时加载多个需要的文件，可以按需、异步加载，加快页面的响应速度。

2）由传统的文件加载式依赖转变成模块化的依赖管理，这种方式更加便于文件的编码管理。

所谓 "文件加载式依赖" 指的是在传统 JavaScript 代码开发中，必须确保文件的加载顺序，将依赖性最多的文件放到最后加载。当文件中的代码依赖关系复杂时，这种方式将会使代码的编写和维护变得异常艰难，而使用 Require 框架则能有效地规避这两个问题，实现代码开发的最大优化。

要使用 Require，必须先搭建它的开发环境，整体开发环境的构建包括下列两个步骤。

9.1.1 下载 Require 文件库

在 Require 的官方网站（http://www.requirejs.org/）的左侧导航条中，单击 "Download" 链接打开下载页面，下载最新版本的 Require 文件库，其网站如图 9-1 所示。

在网站中，选择左侧导航条的 "Download" 链接，在打开的下载页面中选择压缩后的最新版本，单击下载按钮，将 Require 最新版本的文件库下载到本地。目前（截止到 2013 年 12 月）最新版本为 V 2.1.9，本书的全部示例也是基于该版本。

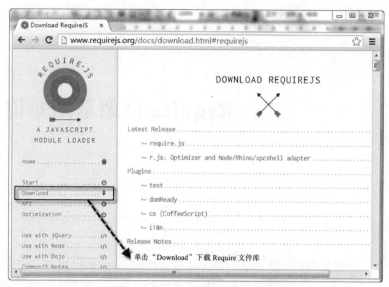

图 9-1 Require 官网下载文件库

9.1.2 异步方式加载文件库

下载 Require 库文件后，只使用 <script> 元素将文件导入需要的页面即可。如果下载的 Require 库文件保存在项目的 Script 文件夹中，在页面的 <head></head> 元素中加入如下代码。

```
<script src="Script/require.js" defer async="true"
        type="text/javascript"></script>
```

在上述代码中，"defer" 和 "async" 的功能是相同的，都表示异步加载 Require.js 文件。由于 IE 浏览器并不支持 async 属性，因此再添加一个 defer 属性，实现多个浏览器的兼容。加入上述代码之后，便完成 Require 框架的引入，就可以开始我们的 Require 之旅了。

9.2 加载主模块

通常情况下，在页面中只需要引入一个 Require 框架文件。在引入过程中，通过 <script> 元素的 data-main 属性加载主模块文件，从而实现加载其他 JS 文件的目的。接下来我们通过一个简单的示例来演示通过加载主模块来引入 jQuery 的过程。

示例 9-1 通过主模块加载 jQuery 框架

1. 功能描述

新建一个 HTML 页面，并在该页面中添加一个 <div> 元素。引入 Require 框架，并通过主模块文件 main.js 加载 jQuery 框架，将页面中 <div> 元素的显示内容设置为 " hello，require ！"。

2. 实现代码

新建一个 HTML 文件 9-1.html，加入如代码清单 9-1 所示的代码。

代码清单 9-1　通过主模块加载 jQuery 框架

```
<!DOCTYPE html>
<html>
<head>
    <title>通过主模块加载 jQuery 框架</title>
    <script src="Script/require.js" defer async="true"
            type="text/javascript" data-main="Js1/main"></script>
</head>
<body>
  <div id="tip"></div>
</body>
</html>
```

在上述代码中还包含了一个名为"main"的 JS 格式文件，它是页面程序的主模块，其功能是加载 jQuery 框架，并设置页面中 div 元素显示的内容，其实现的代码如下所示。

```
require(["../Script/jquery-1.8.2.min"], function () {
    $("#tip").html("hello, require！");
});
```

3. 页面效果

9-1.html 文件最终实现的页面效果如图 9-2 所示。

4. 源码分析

在本示例的 HTML 代码中，通过 data-main 属性指定页面程序的主模块文件，本示例指定的主模块文件为"Js1/main"。Require 框架下默认的文件扩展名为 js，因此主模块文件为"Js1/main.js"，即 Js1 文件夹下的 main.js 文件。

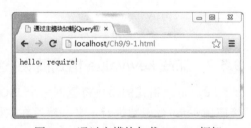

图 9-2　通过主模块加载 jQuery 框架

在页面中，主模块文件的功能类似 C 语言中的 main() 函数，是整个页面程序的第一个入口，Require 框架文件的导入后，就执行主模块文件 main.js。

在主模块文件 main.js 中调用 require 函数加载 jQuery 框架。该函数包含两个部分，第一部分是一个数组，表示需要加载的文件或模块；另一部分表示文件或模块加载成功后执行的函数。因此，名为"jquery-1.8.2.min"的 JS 文件加载成功后，表示已成功加载 jQuery 框架，就可以调用 html 方法设置页面中 <div> 元素的内容。

9.3　加载自定模块

在 Require 框架的主模块文件中，不仅可以加载外部文件，还可以加载自定义的各类型功能模块。这些模块包含 key/value 格式的 JSON 对象、自定义的简单函数、存在依赖关系的函数，这些对象或函数在定义时都必须使用 define() 函数。

9.3.1 示例文件间的层次关系

接下来我们详细介绍各类型模块加载的方法，在开始介绍之前列出各示例文件间的层次关系，以方便读者对代码的深入理解，如图 9-3 所示。

为了更好地统一展示本章节全部示例的页面效果，在每个示例中都包含了一个名为"Require"的 CSS 样式文件，该文件的功能是控制页面的字体大小和内容显示元素 <div> 的页面效果。Require.css 文件的全部源码如下所示。

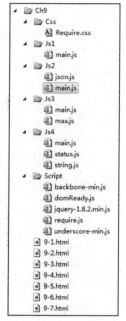

```
body
{
    font-size: 12px;
}
#tip
{
    width:260px;
    padding:8px;
    border:solid 1px #555;
    background-color:#eee;
    margin: 10px 0px;
    display:none;
}
```

图 9-3　示例文件的层次关系

9.3.2 加载 key/value 格式模块

key/value 格式的模块将返回一个 JSON 对象，如果该模块不依赖其他文件，可以直接使用 define() 函数进行定义。然后在主模块中调用 require 函数通过文件名称对该模块进行加载。我们通过一个简单的示例来演示该类型模块加载的过程。

示例 9-2　加载自定义的 key/value 格式模块

1. 功能描述

新建一个 HTML 页面，在该页面中添加一个 <div> 元素。引入 Require 框架，并通过主模块文件 main.js 加载一个自定义的 json.js 文件，该文件返回一个 key/value 格式的 JSON 对象。最后，将获取的对象内容显示在页面的 <div> 元素中。

2. 实现代码

新建一个 HTML 文件 9-2.html，加入如代码清单 9-2 所示的代码。

代码清单 9-2　加载自定义的 key/value 格式模块

```
<!DOCTYPE html>
<html>
```

```
<head>
    <title> 加载自定义的 key/value 格式模块 </title>
    <script src="Script/require.js" defer async="true"
            type="text/javascript" data-main="Js2/main"></script>
    <link href="Css/Require.css" rel="stylesheet"
            type="text/css" />
</head>
<body>
    <h3> 显示 Key/Value 格式值 </h3>
    <div id="tip"></div>
</body>
</html>
```

上述代码中还包含一个名为"main"的 JS 格式文件，它是页面程序的主模块，其功能是加载依赖项 jQuery 和自定义的 json.js 文件，并在页面中显示返回内容，其实现的代码如下所示。

```
require(["json", "../Script/jquery-1.8.2.min"], function (json) {
    $("#tip").html(json.name + "<br/>" +
                   json.sex + "<br/>" +
                   json.email);
});
```

而在自定义的 json.js 文件中，调用 define() 函数组织返回的 JSON 格式内容。它不依赖于其他模块，因此可以直接在 define() 函数中进行定义，实现的代码如下所示。

```
define({
    name: "陶国荣 ",
    sex: "男 ",
    email: "tao_guo_rong@163.com"
});
```

3. 页面效果

9-2.html 文件最终实现的页面效果如图 9-4 所示。

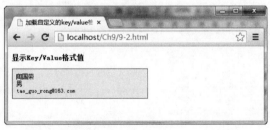

图 9-4　加载自定义的 key/value 格式模块

4. 源码分析

在本示例的页面代码中，主要是通过异步的方式加载 Require 框架文件，并指定主模块文件，其实现的功能与示例 9-1 基本相同，在此不赘述。

在主模块文件 main.js 中，使用 require() 函数加载两个模块文件，一个是自定义的 json.js 文件，另一个是 jQuery 文件。因为 require() 函数的第一个参数是一个数组，可以按顺序分别加载多个文件模块。而第二个参数是各个文件模块加载成功后的回调函数，函数中参数的顺序与模块加载名称是一一对应的关系。因此，如果没有或不需要回调函数可以在第一个参数中将加载模块名称放置在最后。

在自定义的 json.js 文件中不需要依赖于其他文件模块，因此可以直接在 define() 函数内组织需要返回的 JSON 对象内容。

9.3.3 加载函数模块

在主模块文件中，不仅可以加载 JSON 格式的对象文件，还可以加载自定义的函数模块，只要这个函数符合 AMD 标准，即"异步模块定义"的特征。具体来说，就是采用 define() 函数进行定义，并通过 return 返回调用该函数后的值。接下来通过一个简单的示例来演示该类型模块加载的过程。

示例 9-3 加载自定义函数模块

1. 功能描述

新建一个 HTML 页面，并在该页面中添加两个文本框输入元素、一个"确定"按钮及一个 <div> 元素。用户单击"确定"按钮时，通过 Require 框架加载自定义的函数，比较两个文本输入框中的值，将最大值显示在页面的 <div> 元素中。

2. 实现代码

新建一个 HTML 文件 9-3.html，加入如代码清单 9-3 所示的代码。

代码清单 9-3 加载自定义的函数模块

```html
<!DOCTYPE html>
<html>
<head>
    <title> 加载自定义的函数模块 </title>
    <script src="Script/require.js" defer async="true"
            type="text/javascript" data-main="Js3/main"></script>
    <link href="Css/Require.css" rel="stylesheet"
            type="text/css" />
</head>
<body>
    <h3> 显示两个输入值的最大值 </h3>
    <input id="Text1" type="text" />
    <input id="Text2" type="text" />
    <input id="Button1" type="button" value=" 确定 " />
    <div id="tip"></div>
</body>
</html>
```

上述代码中包含的 main.js 文件是页面程序的主模块，功能是加载依赖项 jQuery 和自定义的 max.js 文件，并在页面中显示计算后的最大值，其实现的代码如下所示。

```javascript
require(["max", "../Script/jquery-1.8.2.min"], function (max) {
    $("#Button1").bind("click", function () {
```

```
        var $a = $("#Text1").val();
        var $b = $("#Text2").val();
        var $m = max.Max($a, $b);
        $("#tip").show().html("最大值是: " + $m);
    });
});
```

由于自定义的 max.js 文件不依赖于其他模块,因此可以在 define() 函数中编写代码,实现在两个数值中取最大值,其实现的代码如下所示。

```
define(function () {
    var max = function (x, y) {
        if (x > y)
            return x;
        else
            return y;
    };
    return {
        Max: max
    };
});
```

3. 页面效果

9-3.html 文件最终实现的页面效果如图 9-5 所示。

图 9-5 加载自定义的函数模块

4. 源码分析

本示例的页面代码和主模块文件代码与前面的示例基本相同,在此不赘述。

max.js 文件的代码中,为了使自定义的函数符合 AMD 标准,必须调用 define() 函数进行定义。在定义该函数过程中并不依赖于其他模块,所以可以直接在 define() 函数中进行。因为定义的是一个函数,因此先使用 function 关键字,然后通过 return 语句返回自定义函数本身,详细过程见示例中完整代码。

9.3.4 加载存在依赖关系的函数模块

除加载简单的自定义函数之外,还可以加载存在依赖关系的自定义函数,例如,在加载一个自定义的函数时,该函数又依赖于另外一个函数,形成多层的调用关系。使用 define() 函数可以很方便地解决这种依赖关系。接下来通过一个简单的示例来演示该类型模块加载的过程。

示例 9-4　加载存在依赖关系的自定义函数模块

1. 功能描述

新建一个 HTML 页面，并在该页面中添加一个文本框输入元素、一个"确定"按钮及一个 <div> 元素。用户单击"确定"按钮时，通过 Require 框架加载自定义的函数判断文本框输入值的奇偶性，将返回的内容显示在页面的 <div> 元素中。

2. 实现代码

新建一个 HTML 文件 9-4.html，加入如代码清单 9-4 所示的代码。

代码清单 9-4　加载存在依赖关系的自定义函数模块

```html
<!DOCTYPE html>
<html>
<head>
    <title> 加载存在依赖关系的自定义函数模块 </title>
    <script src="Script/require.js" defer async="true"
            type="text/javascript" data-main="Js4/main"></script>
    <link href="Css/Require.css" rel="stylesheet"
            type="text/css" />
</head>
<body>
    <h3> 显示输入值的奇偶性 </h3>
    <input id="Text1" type="text" />
    <input id="Button1" type="button" value=" 确定 " />
    <div id="tip"></div>
</body>
</html>
```

上述代码中包含的 main.js 文件是页面程序的主模块，功能是加载依赖项 jQuery 和自定义的 string.js 文件，并在页面中显示返回的奇偶字符内容，其实现的代码如下所示。

```javascript
require(["string", "../Script/jquery-1.8.2.min"],
    function (str) {
        $("#Button1").bind("click", function () {
            var $a = $("#Text1").val();
            var $s = str.OrE($a);
            $("#tip").show().html(" 您输入的是: " + $s);
        });
});
```

自定义的 string.js 文件依赖于另一文件模块 status.js 返回数值的奇偶特征，因此在 define() 函数中先加载该模块，并在加载成功的回调函数中编写其余代码，其实现的代码如下所示。

```javascript
define(["status"], function (data) {
    var html = function (y) {
        if (data.OddOrEven(y))
            return " 偶数 ";
        else
```

```
            return " 奇数 ";
        }
        return {
            OrE: html
        };
    });
```

自定义的 status.js 文件不依赖于其他模块，因此可以在 define() 函数中编写判断任意一个数值奇偶性的代码，其实现的代码如下所示。

```
define(function () {
    var num = function (x) {
        return x % 2 == 0;
    };
    return {
        OddOrEven: num
    };
});
```

3. 页面效果

9-4.html 文件最终实现的页面效果如图 9-6 所示。

图 9-6　加载存在依赖关系的自定义函数模块

4. 源码分析

本示例中页面和主模块及简单函数模块中的组织结构和定义方式在前面的章节中均有详细介绍，在此不赘述。

由于 string.js 文件代码中的函数功能依赖于 status.js 文件模块，在调用 define() 函数定义时，首先在该函数的第一个参数中加载所依赖的 status.js 文件模块。该参数与 require() 函数类似，也是一个数组，多个加载的模块用逗号隔开。在文件模块加载成功后的回调函数中编写接下来的代码，首先获取在回调函数中传回的对象，并在该对象中找到对应的函数名，然后调用该函数实现对应的功能，最后通过 return 语句返回函数调用时的值，详细过程见示例中 string.js 文件的完整代码。

9.4　Require 的配置选项

在 Require 框架中，除使用 require() 函数加载 AMD 标准的功能模块之外，它还有一个非常重要的配置选项方法 require.config。通过该方法不仅可以加载符合 AMD 标准的模块文件，还能加载不符合 AMD 标准的模块文件和 Require 插件。接下来通过示例逐一介绍实现的过程。

9.4.1 加载指定路径的模块文件

如果需要加载多个不同文件夹目录的模块文件，可以像前面章节介绍的一样，调用 require() 函数直接进行逐个调用。但如果需要修改调用的各个模块文件路径，代码将非常复杂。解决这种同时加载多个模块文件路径修改的问题，可以使用 require.config 方法。通过该方法中的 paths 对象参数统一设置需要加载的模块文件名称和对应路径，修改时只要修改这一处即可。

接下来通过一个简单的示例来演示这一功能实现的过程。

示例 9-5　加载指定路径的模块文件

1. 功能描述

新建一个 HTML 页面，并在该页面中添加一个用于显示内容的 <div> 元素。先使用 require.config 方法定义加载 jQuery 框架的名称和路径，然后调用 require() 函数根据定义的名称直接进行加载。加载成功将在页面的 <div> 元素中显示 "欢迎来到 require 世界！" 的字样。

2. 实现代码

新建一个 HTML 文件 9-5.html，加入如代码清单 9-5 所示的代码。

代码清单 9-5　加载指定路径的模块文件

```
<!DOCTYPE html>
<html>
<head>
    <title> 加载指定路径的模块文件 </title>
    <script src="Script/require.js"
            type="text/javascript"></script>
    <link href="Css/Require.css" rel="stylesheet"
            type="text/css" />
    <script type="text/javascript">
        require.config({
            baseUrl: "/Ch9/Script",
            paths: {
                "jQuery":"jquery-1.8.2.min"
            }
        });
        require(["jQuery"], function () {
            $("#tip").show().html(" 欢迎来到 require 世界！ ");
        });
    </script>
</head>
<body>
    <div id="tip"></div>
</body>
</html>
```

3. 页面效果

9-5.html 文件最终实现的页面效果如图 9-7 所示。

图 9-7　加载指定路径的模块文件

4. 源码分析

在本示例的 JavaScript 代码中，首先调用 require.config 方法定义加载模块文件的具体路径。该方法中有一个对象型参数 options，通过该参数的 baseUrl 属性设置加载模块文件的共用路径，该属性适合模块文件都在同一个文件夹下使用。然后，通过 options 对象的 paths 属性以字典的形式定义每个加载模块名称和对应的文件地址，多个模块用逗号隔开。最后，调用 require() 函数根据定义的模块名称加载所对应的文件，并在模块加载成功后的回调函数中，使用 jQuery 中的 html 方法在页面的 <div> 元素中显示"欢迎来到 require 世界！"的字样。

9.4.2　加载非 AMD 标准的模块文件

在前面章节中，加载的模块文件类型都符合 AMD 标准，如 jQuery 使用 define() 函数自定义的模块。但在实际开发过程中，还有可能加载一些非 AMD 标准的模块文件，如 Backbone、Underscore 文件，这时可以借助 require.config 方法中 options 对象的 shim 属性来定义这些非 AMD 模块文件的特征，再调用 require() 函数来进行加载。接下来通过一个简单的示例来演示这一功能实现的过程。

示例 9-6　加载非 AMD 标准的模块文件

1. 功能描述

新建一个 HTML 页面，通过 require.config 方法加载同一文件夹下的 jQuery、Underscore、Backbone 模块文件。在使用 require() 函数成功加载各个文件后，构建一个 View 对象，并使用 set 方法重置对象中的属性值。最后，将重置后的属性值全部显示在页面的 <div> 元素中。

2. 实现代码

新建一个 HTML 文件 9-6.html，加入如代码清单 9-6 所示的代码。

代码清单 9-6　加载非 AMD 标准的模块文件

```
<!DOCTYPE html>
<html>
```

```
<head>
    <title> 加载非 AMD 标准的模块文件 </title>
    <script src="Script/require.js"
        type="text/javascript"></script>
    <link href="Css/Require.css" rel="stylesheet"
        type="text/css" />
    <script type="text/javascript">
        require.config({
            baseUrl: "/Ch9/Script",
            paths: {
                "jQuery": "jquery-1.8.2.min",
                "underscore": "underscore-min",
                "backbone": "backbone-min"
            },
            shim: {
                'underscore': {
                    exports: '_'
                },
                'backbone': {
                    deps: ['underscore', 'jQuery'],
                    exports: 'Backbone'
                }
            }
        });
        require(['backbone'], function (Backbone) {
            var person = Backbone.Model.extend({
                defaults: {
                    name: "",
                    sex: " 男 ",
                    email: "tao_guo_rong@163.com"
                }
            });
            var man = new person();
            man.set("name", " 陶国荣 ");
            $("#tip").show().html(man.get("name") + "<br/>" +
                        man.get("sex") + "<br/>" +
                        man.get("email"));
        });
    </script>
</head>
<body>
    <div id="tip"></div>
</body>
</html>
```

3. 页面效果

9-6.html 文件最终实现的页面效果如图 9-8 所示。

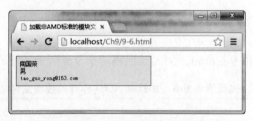

图 9-8　加载非 AMD 标准的模块文件

4. 源码分析

在本示例的 JavaScript 代码中，为了能顺利加载不符合 AMD 标准的 Backbone 和 Underscore 模块文件，首先在 require.config 方法中设置 baseUrl 和 paths 属性，此外新增一个名为 "shim" 的属性对象。该对象的功能是定义不符合 AMD 加载模块文件的输出变量和依赖文件，其中输出变量通过 shim 对象的 exports 属性进行设置，而依赖文件则通过 shim 对象的 deps 属性来定义。deps 属性是一个数组，可以定义多个所依赖性的模块文件。

然后，调用 require() 函数通过模块名称加载对应的文件，并在加载成功的回调函数中构建一个名为 "person" 的 Backbone 视图类。实例化一个视图对象，并重置该对象的 name 属性值。最后，调用视图对象的 get 方法获取整个对象的属性值，并全部显示在页面的 <div> 元素中。详细过程见本示例的 JavaScript 代码所示。

9.4.3 加载 Require 插件模块文件

在 Require 中，不仅可以加载指定的符合（或不符合）AMD 标准的模块文件，还能可以加载专门为 Require 框架提供的插件。这些插件可以实现一些特定的功能，如 domReady 插件可以使回调函数的代码在页面完全加载成功后再执行，image 和 text 插件则允许在 Require 框架中加载图片和文本内容。接下来通过一个简单的示例来演示 domReady 插件加载的过程。

示例 9-7 加载 Require 插件模块文件

1. 功能描述

新建一个 HTML 页面，并通过 require.config 方法加载一个名为 domReady 的 Require 插件。页面完成加载成功后，通过该插件向页面的 <body> 元素追加一个包含"页面加载完成后再执行！"字样的 <div> 元素。

2. 实现代码

新建一个 HTML 文件 9-7.html，加入如代码清单 9-7 所示的代码。

代码清单 9-7　加载 Require 插件模块文件

```
<!DOCTYPE html>
<html>
<head>
    <title> 加载 require 插件模块文件 </title>
    <script src="Script/require.js"
            type="text/javascript"></script>
    <link href="Css/Require.css" rel="stylesheet"
            type="text/css" />
    <script type="text/javascript">
        require.config({
            baseUrl: "/Ch9/Script",
            paths: {
                "jQuery": "jquery-1.8.2.min",
                "domReady": "domReady"
            }
        });
```

```
require(['domReady', 'jQuery'], function (domReady) {
    domReady(function () {
        $("body").append("<div id='tip'>
                            页面加载完成后再执行!
                          </div>") ;
        $("#tip").show();
    });
});
</script>
</head>
<body>
</body>
</html>
```

3. 页面效果

9-7.html 文件最终实现的页面效果如图 9-9 所示。

图 9-9　加载 Require 插件模块文件

4. 源码分析

从本示例的 JavaScript 代码中不难看出，加载 Require 插件模块文件的方法非常简单。与加载一般的符合 AMD 标准的模块文件一样，先通过 require.config 方法中的 paths 属性定义加载的模块名称和对应的文件路径，再调用 require() 函数直接通过定义的模块名称加载模块文件，最后在模块文件加载成功的回调函数中编写对应的功能代码。

9.5　本章小结

Require 的核心功能是异步加载指定的模块文件，本章首先从构建 Require 开发环境讲起，介绍使用 Require 函数加载模块文件的方法，最后重点介绍通过 require.config 方法加载符合（或不符合）AMD 标准的模块文件及 Require 插件的过程。通过本章的学习，为下一章基于 Require 框架的案例开发打下扎实的理论基础。

第 10 章

综合案例：Require + jQuery Mobile + Backbone 框架开发

在上一章中，我们学习了 Require 框架的基础知识，利用该框架可以异步按需加载指定的模块文件（包含 JS 库文件），使用十分方便。该框架弥补了 Backbone 在前端开发时组织模块的不足，两者相互结合将会大大提升开发的效率，达到事半功倍的效果。

近年来，随着移动互联网的兴趣，越来越多的项目都转向了移动端的开发，而基于 Backbone 框架的前端应用也不例外。Backbone 框架结合基于 jQuery 框架的 jQuery Mobile UI 库也是一个非常理想的选择。

jQuery Mobile 是一个非常有代表性的前端 UI 库，几乎兼容各类型的移动终端浏览器，并且性能稳定。更多的知识可以参阅笔者的《jQuery Mobile 权威指南》一书，该书详细地介绍了有关 jQuery Mobile 库的方方面面。

在本章将使用 Require + jQuery Mobile + Backbone 框架开发两个基于移动端的应用，旨在使读者能够更加深入地理解 Require 结合 Backbone 框架开发各类应用的流程和方法。

10.1 案例 1：简单的移动端 WebApp

在本案例中，将使用 Require + jQuery Mobile + Backbone 框架开发一个简单的移动端 WebApp。在开发过程中，使用 Require 框架异步加载应用所需的各个功能模块和 JS 库文件，Backbone 框架开发应用对应的各个功能模块，jQuery Mobile 框架则控制整个应用在移动终端的页面效果，三个框架完美结合，互相补充，共同开发一个强大的移动端的 WebApp。

10.1.1 需求分析

用户的需求包括如下两点。

1）在首页中添加一个用于进入"进入列表页"的链接，单击该链接时进入列表页。

2）在列表页中添加一个用于返回"首页"的链接，单击该链接时返回首页。

本案例实现的需求虽然非常简单，但可拓展性强，通过本案例读者能初步掌握使用多个框架开发应用的流程。

10.1.2 界面效果

本应用是在移动端的浏览器展示，为了更好地在 PC 端浏览 jQuery Mobile 页面在移动终端的执行效果，可以在电脑中下载并安装 Opera Mobile Emulator 工具。进入本案例首页时，页面在 Opera Mobile Emulator 下执行的效果如图 10-1 所示。

在首页中单击"进入列表页"链接时，进入另外的列表页面，该页面在 Opera Mobile Emulator 下执行的效果如图 10-2 所示。在列表页中单击"返回首页"链接时，又将返回系统的首页。

图 10-1　系统首页

图 10-2　系统列表页

10.1.3 功能实现

实现该案例功能的代码非常简单，为使读者更加清楚地理解本案例中各个文件之间的结构关系，下面列出本案例在项目中的文件夹层次结构，如图 10-3 所示。

如图 10-3 所示，整个案例的入口是名为"index"的 HTML 文件，所有的页面都是基于不同的模板在视图类中动态创建，因此该页的代码非常简单。inde.html 文件如代码清单 10-1 所示。

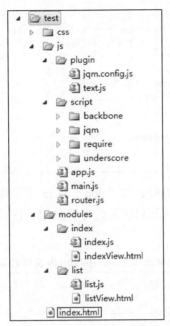

图 10-3 案例文件夹层次结构

代码清单 10-1 index.html 文件代码

```
<!DOCTYPE html>
<html>
<head>
    <title>jQuery Mobile 应用程序</title>
    <meta name="viewport"
          content="width=device-width, initial-scale=1" />
    <link rel="stylesheet"
          href="css/jquery.mobile-1.1.0.min.css" />
    <script type="text/javascript" data-main="js/main"
            src="js/script/require/require.js"></script>
</head>
<body>
</body>
</html>
```

在代码清单 10-1 中，使用 data-min 属性指定加载完成 require.js 文件后，调用 main.js 文件。该文件的功能是调用 require.config 方法配置加载文件的名称与路径，并调用 require() 函数加载同目录下名为"app"的 JS 文件，加载成功后，对该对象进行初始化。js 目录下的 main.js 文件如代码清单 10-2 所示。

代码清单 10-2 js/main.js 文件代码

```
require.config({
    paths: {
        jquery: 'script/jqm/jquery-1.8.2.min',
        jqmconfig: 'plugin/jqm.config',
```

```
        jqm: 'script/jqm/jquery.mobile-1.1.0.min',
        underscore: 'script/underscore/underscore-amd',
        backbone: 'script/backbone/backbone-amd',
        text: 'plugin/text',
        plugin: 'plugin',
        templates: '../templates',
        modules: '../modules'
    }
});
require(['app'], function(app) {
    app.initialize();
});
```

在代码清单 10-2 中，被加载的名为"app"的 JS 文件功能是初始化已定义的路由导航对象，并调用对象中的 start 方法开启绑定的导航 Hash 路径对应的方法。js 目录下的 app.js 文件如代码清单 10-3 所示。

代码清单 10-3　js/app.js 文件代码

```
define(['jquery', 'underscore', 'backbone', 'router',
    'jqmconfig'],
    function ($, _, Backbone, Router) {
        var init = function () {
            var router = new Router();
            Backbone.history.start();
        };
        return {
            initialize: init
        }
});
```

在代码清单 10-3 中，使用 define() 函数加载了多个 JS 模块文件，包含类库模块 jquery、underscore、backbone，同时加载一个自定的名为"router"的 JS 文件，该文件的功能是构建路由导航类。在构建过程中，通过添加 routes 属性定义 Hash 路径的规则和执行的方法。js 目录下的 router.js 文件如代码清单 10-4 所示。

代码清单 10-4　js/router.js 文件代码

```
define(['jquery', 'underscore', 'backbone',
    'modules/index/index', 'modules/list/list', 'jqm'],
    function ($, _, Backbone, index, list) {
        var Router = Backbone.Router.extend({
            routes: {
                '': 'Index',
                'index': 'Index',
                'list': 'List'
            },
            firstPage: true,
            Index: function (actions) {
                this.changePage(new index());
            },
            List: function (actions) {
                this.changePage(new list());
            },
```

```
        changePage: function (page) {
            page.render();
            $(page.el).attr('data-role', 'page');
            $('body').append($(page.el));
            var transition = $.mobile.defaultPageTransition;
            if (!this.firstPage) {
                $.mobile.changePage($(page.el), {
                    changeHash: false,
                    transition: transition });
            } else {
                this.firstPage = false;
            }
        }
    });
    return Router;
});
```

在代码清单 10-4 中，使用 define() 函数加载各个功能模块时，除加载各框架文件外，还在 modules 文件夹中加载名为"index"和"list"的 JS 文件。这两个自定义函数分别使用视图的方式动态加载对应页面中的模板，当实例化该函数时，则获取模板渲染后的代码。modules/index/ 目录下的 index.js 文件如代码清单 10-5 所示。

代码清单 10-5　modules/index/index.js 文件代码

```
define(['jquery', 'underscore', 'backbone',
        'text!modules/index/indexView.html'],
function ($, _, Backbone, indexViewTemplate) {
    var indexView = Backbone.View.extend({
        template: _.template(indexViewTemplate),
        render: function () {
            $(this.el).append(this.template());
            return this;
        }
    });
    return indexView;
});
```

在代码清单 10-5 中，为了获取与 index.js 相对应的页面模板，使用 define() 函数加载同一目录下的名为"indexView"的 HTML 页面，在该页面中添加展示首页效果的各个元素。modules/index/ 目录下的 indexView.htm 文件如代码清单 10-6 所示。

代码清单 10-6　modules/index/indexView.html 的代码

```
<div data-role="header">
    <h1> 首页标题 </h1>
</div>
<div data-role="content">
    <p> 这是首页 </p>
    <p>
      <a href="#list" data-transition="slide">
         进入列表页
      </a></p>
```

```
</div>
<div data-role="footer" data-position="fixed">
    <h4> 荣拓工作室版权所有 </h4>
</div>
```

modules/list/ 目录下的 list.js 文件如代码清单 10-7 所示。

代码清单 10-7 modules/list/list.js 文件代码

```
define(['jquery', 'underscore', 'backbone',
        'text!modules/list/listView.html'],
function ($, _, Backbone, listViewTemplate) {
    var listView = Backbone.View.extend({
        template: _.template(listViewTemplate),
        render: function () {
            $(this.el).append(this.template());
            return this;
        }
    });
    return listView;
});
```

与 index.js 文件相同，在代码清单 10-7 中，使用 define() 函数加载同一目录下的名为"listView"的 HTML 页面，在该页面中添加展示列表页效果的各个元素。modules/list/ 目录下的 indexView.html 文件如代码清单 10-8 所示。

代码清单 10-8 modules/list/listView.html 的代码

```
<div data-role="header">
    <h1> 列表页标题 </h1>
</div>
<div data-role="content">
    <p> 这是一个列表页 </p>
    <p>
      <a href="#index" data-transition="slide">
        返回首页
      </a>
    </p>
</div>
<div data-role="footer" data-position="fixed">
    <h4> 荣拓工作室版权所有 </h4>
</div>
```

此外，每次使用 define() 函数加载 jqm 模块文件时，都会触发 mobileinit 事件，而触发该事件时，会自动执行在 jqm.config.js 中定义的事件代码。在事件执行的代码中，禁止了 jQuery Mobile 的导航功能和其他配置项。js/plugin/ 目录下的 jqm.config.js 文件如代码清单 10-9 所示。

代码清单 10-9 js/plugin/jqm.config.js 文件代码

```
define(['jquery'], function ($) {
    document.firstPage = true;
    $(document).bind("mobileinit", function () {
```

```
        $.mobile.ajaxEnabled = false;
        $.mobile.linkBindingEnabled = false;
        $.mobile.hashListeningEnabled = false;
        $.mobile.pushStateEnabled = false;
        $.mobile.defaultPageTransition = 'slide';
        $('div[data-role="page"]').live('pagehide',
            function (event, ui) {
                $(event.currentTarget).remove();
            });
    });
});
```

10.1.4　代码分析

本案例的代码文件虽然分布在多个不同的文件夹下，但结构清晰，可扩展性强，各个模块执行对应的功能，需要时通过 define() 函数进行异步加载，操作也非常方便。

当构建路由导航类时，单击 Hash 中的 #index 或 #list 路径时，都会将自身的 View 对象作为参数来调用一个自定义的 changePage 方法。在该方法中，获取传回的页面 View 对象，并调用该对象的 render 方法生成模板中的页面内容，通过将 <div> 元素的 data-role 属性值设置为 page，使 <div> 元素成为 jQuery Mobile 中的一个容器。最后，将页面内容使用 append 方法追加到 DOM 元素中，其实现的部分代码如下。

```
... 省略部分代码
function ($, _, Backbone, index, list) {
    var Router = Backbone.Router.extend({
        routes: {
            '': 'Index',
            'index': 'Index',
            'list': 'List'
        },
        firstPage: true,
        Index: function (actions) {
            this.changePage(new index());
        },
        List: function (actions) {
            this.changePage(new list());
        },
        changePage: function (page) {
            page.render();
            $(page.el).attr('data-role', 'page');
            $('body').append($(page.el));
            ...
        }
    });
return Router;
... 省略部分代码
```

此外，页面模板对应的 index.js 和 list.js 文件中，分别在 define() 函数加载页面模板时使用了"text!"前缀。该前缀说明将调用名为"text"的 JS 插件来加载对应的页面文档。页面文档加载成功后，在回调函数中获取对应的对象，并调用 underscore 中的 _.template() 函数来编译获取的对象模板。最后，定义视图对象的 render 方法，在该方法中，将编译成功的模板内容通过 append 方法追加到本视图最外部的容器中，其实现的部分代码如下。

```
define(['jquery', 'underscore', 'backbone',
        'text!modules/index/indexView.html'],
function ($, _, Backbone, indexViewTemplate) {
    var indexView = Backbone.View.extend({
        template: _.template(indexViewTemplate),
        render: function () {
            $(this.el).append(this.template());
            return this;
        }
    });
    return indexView;
});
```

10.2 案例 2：移动端的新闻浏览应用

通过案例 1 的介绍，相信大家已经初步了解使用 Require + Backbone + jQuery Mobile 组合框架开发移动应用的基本流程，接下来通过另外一个移动端新闻浏览应用的开发，使读者进一步掌握运用这一组合框架开发移动 WebApp 的方法和技巧。

10.2.1 需求分析

在本案例中，用户对新闻浏览应用有如下的需求。

1）以列表的方式在移动端浏览器中展示新闻的各个类别名称，单击某个类别名后，直接进入属于该类别的新闻列表页。

2）在新闻列表页中，以列表的方式展示新闻的标题，单击某个新闻标题时，进入该新闻的详细页。

3）在新闻详细页中，分别显示该新闻的所属类别名称、主题和新闻详细内容，无论是在列表页还是在详细页，都可以单击左上角的图标返回上一页。

10.2.2 界面效果

进入案例的首页时，以列表的方式展示新闻的类别名称，单击某个类别时，可以进入该类别新闻的列表页，页面在 Opera Mobile Emulator 下执行的效果如图 10-4 所示。

在首页中单击"科技"类别时，进入属于"科技"类别的新闻列表页，该页面在 Opera Mobile Emulator 下执行的效果如图 10-5 所示。

在"科技"类别的新闻列表页中，单击某条新闻的"主题"，进入该条新闻的详细页，该页面在 Opera Mobile Emulator 下执行的效果如图 10-6 所示。

无论是在新闻列表页、新闻详细页中，单击左上角的"返回"图标，都会返回至上一级别的页面中，其实现的页面效果可以自行操作，在此列出效果。

图 10-4 案例首页

图 10-5 "科技"类别新闻列表页

图 10-6 展示某条新闻的详细页

10.2.3 功能实现

本案例基于案例 1 进行了数据模块方面的拓展，使其更具有实战效果，也是案例的进阶性的应用。与案例 1 相同，为使读者更加清楚地理解本案例中各个文件之间的结构关系，下面列出本案例在项目中的文件夹层次结构，如图 10-7 所示。

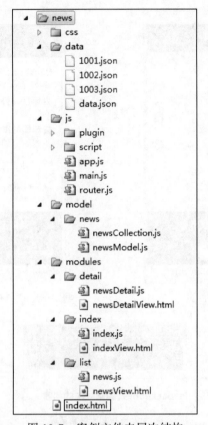

图 10-7　案例文件夹层次结构

　　与案例 1 相比，本案例新增了两个文件夹。一个是 data 文件夹，用于保存展示在页面中的 JSON 格式的数据；另一个是 model 文件夹，其中的两个 JS 文件用于获取 JSON 格式的数据，并注入到定义的集合对象中，最终通过元素渲染至页面中。

　　案例的入口文件依然是名为"index"的 HTML 文件，在该文件中，加载 Require 框架成功后，使用 <script> 元素中的 data-main 属性指定调用的主文件。根目录下 index.html 文件如代码清单 10-10 所示。

代码清单 10-10　index.html 文件的代码

```html
<!DOCTYPE html>
<html>
<head>
    <title>首页_新闻系统</title>
    <meta name="viewport" content="width=device-width,
            initial-scale=1" />
    <link rel="stylesheet"
          href="css/jquery.mobile-1.1.0.min.css" />
    <script data-main="js/main"
            src="js/script/require/require.js"></script>
</head>
```

```
<body>
</body>
</html>
```

从代码清单 10-10 中可以看出，require.js 文件加载成功后，将直接调用 js 目录下的 main.js 主文件。在该文件中，将调用 require.config 方法中的 paths 属性定义各个加载模块的名称和详细的路径。js 目录下的 main.js 文件如代码清单 10-11 所示。

代码清单 10-11　js/main.js 文件的代码

```
require.config({
    paths: {
        jquery: 'script/jqm/jquery-1.8.2.min',
        jqmconfig: 'plugin/jqm.config',
        jqm: 'script/jqm/jquery.mobile-1.1.0.min',
        underscore: 'script/underscore/underscore-amd',
        backbone: 'script/backbone/backbone-amd',
        text: 'plugin/text',
        plugin: 'plugin',
        templates: '../templates',
        modules: '../modules',
        model: '../model'
    }
});
require(['app'], function (app) {
    app.initialize();
});
```

从代码清单 10-11 中可以看出，使用 paths 属性设置完需要加载的模块名称和对应路径后，还调用 require() 函数加载 app.js 功能文件，该文件加载成功之后，再调用文件中的 initialize 方法开启应用。

在 app.js 文件中，先按模块名称加载各类必须的功能模块，再实例化一个路由导航对象，并调用该对象中的 start 方法正式启动对象中设置的规则和绑定的方法。js 目录下的 app.js 文件如代码清单 10-12 所示。

代码清单 10-12　js/app.js 文件的代码

```
define(['jquery', 'underscore', 'backbone', 'router',
        'jqmconfig'],
    function ($, _, Backbone, Router) {
        var init = function () {
            var router = new Router();
            Backbone.history.start();
        };
        return {
            initialize: init
        }
    });
```

从代码清单 10-12 中可以看出，define() 函数加载 router 模块成功之后，在加载回调函数中获取传回的 Router 类，而 router 模块对应加载的是 js 目录下的 router.js 文件。在该文件中，当构建路由导航类时，通过 routes 属性声明 Hash 路径规则和规则对应执行的方法。
js 目录的 router.js 文件如代码清单 10-13 所示。

代码清单 10-13　js/routes.js 文件的代码

```
define(['jquery', 'underscore', 'backbone',
        'modules/index/index', 'modules/list/news',
        'model/news/newsCollection',
        'modules/detail/newsDetail',
        'model/news/newsModel', 'jqm'],
    function ($, _, Backbone, IndexView, NewsView,
            NewsCollection, NewsDetailView, News) {
        var Router = Backbone.Router.extend({
            routes: {
                '': 'Index',
                'index': 'Index',
                'list': 'List',
                'listdetail/:title/:id': 'ListDetail'
            },
            firstPage: true,
            Index: function (actions) {
                var indexView = new IndexView();
                indexView.render();
                this.changePage(indexView);
            },
            List: function (actions) {
                var newsList = new NewsCollection();
                var newsView = new NewsView({
                                    collection: newsList });
                newsView.bind('renderList:list',
                                this.triggerChangeView, this);
                newsList.fetch();
            },
            ListDetail: function (name, id) {
                var news = new News();
                var newsDetailView = new NewsDetailView({
                                        model: news });
                newsDetailView.bind('renderDetail:Detail',
                    this.triggerChangeView, this);
                news.fetch(id);
            },
            triggerChangeView: function (view) {
                this.changePage(view);
            },
            changePage: function (view) {
                $(view.el).attr('data-role', 'page');
                $('body').append($(view.el));
                var transition = $.mobile.defaultPageTransition;
                if (!this.firstPage) {
                    $.mobile.changePage($(view.el), {
                        changeHash: false, transition: transition });
                } else {
                    this.firstPage = false;
                }
            }
        }
```

```
    });
    return Router;
});
```

在代码清单 10-13 中，使用 define() 函数还加载名为"jqmconfig"的模块，该模块对应的文件为 plugin 文件夹下的 jqm.config.js 文件。在该文件中，为了避免 jQuery Mobile 中的原有 API 方法与 Backbone 冲突，禁止相应的一些操作。js/plugin/ 目录下的 jqm.config.js 文件如代码清单 10-14 所示。

代码清单 10-14　js/plugin/jqm.config.js 文件的代码

```
define(['jquery'], function ($) {
    document.firstPage = true;
    $(document).bind("mobileinit", function () {
        $.mobile.ajaxEnabled = false;
        $.mobile.linkBindingEnabled = false;
        $.mobile.hashListeningEnabled = false;
        $.mobile.pushStateEnabled = false;
        $.mobile.defaultPageTransition = 'slide';
        $('div[data-role="page"]').live('pagehide',
            function (event, ui) {
                $(event.currentTarget).remove();
            });
    });
});
```

在代码清单 10-14 中，define() 函数除加载框架模块文件之外，还加载了多个页面功能模块，包括 model/news 文件夹下名为"newsModel"和"newsCollection"的 JS 文件，以及各个页面文件下的视图文件 index.js、news.js、newsDetail.js。接下来分别对各个文件的代码进行介绍。

1）newsModel.js 文件功能是构建新闻的实体模型，通过定义 fetch 方法从本地的 id.json 格式的文件中获取每条新闻的详细内容，并在成功读取事件中更新自身属性的值，该文件如代码清单 10-15 所示。

代码清单 10-15　model/news/newsModel.js 文件的代码

```
define(function () {
    var News = Backbone.Model.extend({
        defaults: {
            id: "",
            title: '',
            clsname: '',
            desc: ''
        },
        fetch: function (id) {
            var self = this;
            var tmpNews;
            var jqxhr = $.getJSON("data/" + id + ".json")
                .success(function (data, status, xhr) {
                    self.set({
                        id: data.id,
```

```
                        title: data.title,
                        clsname: data.clsname,
                        desc: data.desc
                    });
                self.trigger("GetDetail:Detail");
            })
        }
    });
    return News;
});
```

2）newsCollection.js 文件的功能是构建一个基于 News 模型对象的集合类，在构建该类时，定义一个 fetch 方法。在该方法中，调用 jQuery 中的 getJSON 方法读取本地指定的 JSON 数据，如果读取成功，将会遍历该数据，为每个主题项实例化一个模型对象，并依次使用 add 方法添加至集合中，该文件的代码如代码清单 10-16 所示。

代码清单 10-16　model/news/ newsCollection.js 文件的代码

```
define(['jquery', 'underscore', 'backbone',
        'model/news/newsModel'],
function ($, _, Backbone, News) {
    var Newss = Backbone.Collection.extend({
        model: News,
        fetch: function () {
            var self = this;
            var tmpNews;
            var jqxhr = $.getJSON("data/data.json")
              .success(function (data, status, xhr) {
                  $.each(data, function (i, item) {
                      tmpNews = new News({
                          id: item.id,
                          title: item.title });
                      self.add(tmpNews);
                  });
                  self.trigger("GetList:list");
              })
        }
    });
    return Newss;
});
```

在 modules 文件夹下，根据应用的功能生成对应的文件夹名，并在各自的文件夹中添加针对页面模板的视图类文件。在这些该视图类文件中，首先获取页面中的数据模板，并调用 _.template() 函数进行编译，然后将编译成功后的页面代码追加到页面的容器中。modules 文件夹下各个视图类文件的代码如代码清单 10-17 ～代码清单 10-19 所示。

代码清单 10-17　modules/index/index.js 文件代码

```
define(['jquery', 'underscore', 'backbone',
        'text!modules/index/indexView.html'],
function ($, _, Backbone, indexViewTemplate) {
    var indexView = Backbone.View.extend({
```

```
            template: _.template(indexViewTemplate),
            render: function () {
                $(this.el).append(this.template());
                return this;
            }
        });
        return indexView;
    });
```

代码清单 10-18   modules/list/news.js 文件代码

```
define(['jquery', 'underscore', 'backbone',
        'text!modules/list/newsView.html'],
function ($, _, Backbone, listViewTemplate) {
    var listView = Backbone.View.extend({
        template: _.template(listViewTemplate),
        initialize: function () {
            this.collection.bind('GetList:list',
                this.render, this);
        },
        render: function () {
            $(this.el).append(this.template({
                data: this.collection.toJSON()
            }));
            this.trigger("renderList:list", this, "");
            return this;
        }
    });
    return listView;
});
```

代码清单 10-19   modules/detail/newsDetail.js 文件代码

```
define(['jquery', 'underscore', 'backbone',
        'text!modules/detail/newsDetailView.html'],
function ($, _, Backbone, detailViewTemplate) {
    var detailView = Backbone.View.extend({
        template: _.template(detailViewTemplate),
        initialize: function () {
            this.model.bind('GetDetail:Detail',
                this.render, this);
        },
        render: function () {
            $(this.el).append(
                this.template(this.model.toJSON())
            );
            this.trigger("renderDetail:Detail", this, "");
            return this;
        }
    });
    return detailView;
});
```

此外，与这些视图类文件同在一个目录下的 HTML 页面文件，通过名为“text”的插件被各个视图类文件加载，它们的功能是添加各个页面容器，接收视图类文件传回的数据，并将数据渲染在页面的容器中。这些 HTML 文件的代码如代码清单 10-20 ~ 代码清单 10-22 所示。

代码清单 10-20　modules/index/indexView.html 文件代码

```
<div data-role="header">
    <h1> 荣拓新闻 </h1>
</div>
<ul data-role="listview" data-dividertheme="e">
    <li data-role="list-divider"> 精品推荐 </li>
    <li><a href="#list"> 科技 </a></li>
    <li><a href=""> 经济 </a></li>
    <li><a href=""> 教育 </a></li>
</ul>
<div data-role="footer" data-position="fixed">
    <h4> 荣拓工作室版权所有 </h4>
</div>
```

代码清单 10-21　modules/list/newsView.html 文件代码

```
<div data-role="header" data-position="fixed">
    <h1> 科技 </h1>
    <a href="#index" data-icon="home"
data-iconpos="notext" data-direction="reverse">Home</a>
</div>
<ul data-role="listview">
    <% for (var i = 0; i < data.length; i++) { %>
    <% var item = data[i]; %>
    <li><a href="#listdetail/<%=item.title%>/<%= item.id%>">
        <%= item.title %></a> </li>
    <% } %>
</ul>
<div data-role="footer" data-position="fixed">
    <h4> 荣拓工作室版权所有 </h4>
</div>
```

代码清单 10-22　modules/detail/newsDetailView.html 文件代码

```
<div data-role="header" data-position="fixed">
    <h1><%=clsname%></h1>
    <a href="#list" data-icon="back" data-iconpos="notext"
data-direction="reverse">Back</a>
</div>
<div data-role="content">
    <p>
        <strong>
            <%=title%>
        </strong>
    </p>
    <p>
        <%=desc%>
    </p>
</div>
```

```
<div data-role="footer" data-position="fixed">
    <h4> 荣拓工作室版权所有 </h4>
</div>
```

10.2.4　代码分析

本案例中的许多代码与案例 1 相似，在此不赘述。需要说明本案例新增加的几处代码。

在 js 文件夹下名为"router"的 JS 文件代码中，通过 routes 属性设置 Hash 规则和规则对应执行的方法。在该属性设置的规则中，用户在新闻列表页中单击某条新闻主题，如"今年 10.1 好去处"，它的对应的 URL 链接变为"#listdetail/ 今年 10.1 好去处 /1002"，而这一个 URL 格式符合 routes 属性中设置的规则，因此将获取 URL 中对应的参数，调用规则中对应的自定义名为"ListDetail"的方法。

在 ListDetail 方法中接收传来的参数值，实例化一个基于 News 模型的视图对象 NewsDetailView，并绑定该对象的 renderDetail:Detail 事件。之后，调用 News 模型对象中的 fetch 方法，获取指定 ID 号的新闻详细内容。在调用 fetch 方法过程中，将触发绑定的 GetDetail:Detail 事件，在该事件中完成视图对象的初始化和加载渲染页面的过程。router.js 文件中实现上述分析的核心代码如下所示。

```
... 省略部分代码
var Router = Backbone.Router.extend({
    routes: {
        ...
        'listdetail/:title/:id': 'ListDetail'
    },
    ...
    ListDetail: function (name, id) {
        var news = new News();
        var newsDetailView = new NewsDetailView({
            model: news });
        newsDetailView.bind('renderDetail:Detail',
            this.triggerChangeView, this);
        news.fetch(id);
    },
    triggerChangeView: function (view) {
        this.changePage(view);
    },
    changePage: function (view) {
        $(view.el).attr('data-role', 'page');
        $('body').append($(view.el));
        var transition = $.mobile.defaultPageTransition;
        if (!this.firstPage) {
            $.mobile.changePage($(view.el), {
            changeHash: false, transition: transition });
        } else {
            this.firstPage = false;
        }
    }
}
... 省略部分代码
```

在构建前端 MVC 框架时，通过 event 事件方式可以降低各个组成部分的冗余和重复，接下来以新闻列表的数据获取和视图页面渲染事件为例，详细分析它们触发的过程。步骤如下。

1）用户单击的 Hash 地址为"#List"时，将执行 List 方法。在该方法中，实例化一个新闻列表的视图对象 newsView，调用 bind 方法绑定 renderList:list 事件，在实例化的过程中，又完成 GetList:list 事件的绑定。

2）调用集合对象 newsList 的 fetch 方法成功请求到数据后，以手动方式触发 GetList:list 事件。在该事件中，获取视图中的数据模板并进行编译，并将编译后的页面元素填充至视图 el 属性指定的容器中。

3）调用集合对象 newsList 的 fetch 方法成功请求到数据后，手动触发了之前已绑定的 renderList:list 事件。在该事件中，调用 triggerChangeView 方法实现页面视图数据的渲染和切换效果。

router.js 文件中实现上述分析的核心代码如下所示。

```
... 省略部分代码
var Router = Backbone.Router.extend({
    routes: {
        ...
        'list': 'List',
        ...
    },
    ...
    List: function (actions) {
        var newsList = new NewsCollection();
        var newsView = new NewsView({
            collection: newsList });
        newsView.bind('renderList:list',
            this.triggerChangeView, this);
        newsList.fetch();
    }
    ...
    triggerChangeView: function (view) {
        this.changePage(view);
    },
    changePage: function (view) {
        $(view.el).attr('data-role', 'page');
        $('body').append($(view.el));
        var transition = $.mobile.defaultPageTransition;
        if (!this.firstPage) {
            $.mobile.changePage($(view.el), {
            changeHash: false, transition: transition });
        } else {
            this.firstPage = false;
        }
    }
})
... 省略部分代码
```

newsCollection.js 文件中相关代码如下所示。

```
... 省略部分代码
fetch: function () {
    var self = this;
    var tmpNews;
    var jqxhr = $.getJSON("data/data.json")
    .success(function (data, status, xhr) {
        ...
        self.trigger("GetList:list");
    })
}
... 省略部分代码
```

news.js 文件中相关代码如下所示。

```
var listView = Backbone.View.extend({
    template: _.template(listViewTemplate),
    initialize: function () {
        this.collection.bind('GetList:list',
        this.render, this);
    },
    render: function () {
        $(this.el).append(this.template({
            data: this.collection.toJSON()
        }));
        this.trigger("renderList:list", this, "");
        return this;
    }
})
```

10.3　本章小结

本章先通过一个简单的页跳转效果的 WebApp 案例的开发，使读者初步了解并熟悉使用 Require + Backbone + jQuery Mobile 开发移动应用的基本流程和相关知识，接下来通过一个完整的客户端新闻浏览案例，进一步介绍基于 Require + Backbone + jQuery Mobile 框架开发的经验和技巧。通过本章的两个案例夯实之前所学的理论知识，为自己动手开发移动应用奠定扎实的基础。

推荐阅读

腾讯资深工程师兼公众平台应用开发先驱撰写，系统讲解公众平台开发的流程、方法和技巧，3个大型案例！

国内首本关于微信公众平台二次开发的著作，系统讲解了微信公众平台的各项高级功能的使用，以及二次开发的完整流程和方法

资深微信公众平台应用开发工程师撰写，根据微信最新5.1版全面解读公众平台开放API的各项功能和用法，系统讲解微信公众平台应用开发的流程、方法和技巧。

重点介绍微信公众平台服务号的九大高级接口开发，讲解与案例相结合，穿插介绍当下比较流行的会员卡、微信墙、大转盘、LBS云、叫号系统、问答系统等应用，同时对Jquery moblie的使用做了初步介绍。

推荐阅读

HTML 5与CSS 3权威指南 上下册

　　第1版2年内印刷近10次，累计销量超过50000册，4大网上书店的读者评论超过4600条，98%以上的评论都是五星级的好评。不仅是HTML 5与CSS 3图书领域当之无愧的领头羊，而且在整个原创计算机图书领域也是佼佼者。本书已经成为HTML 5与CSS 3图书领域的一个标杆，被读者誉为"系统学习HTML 5与CSS 3技术的最佳指导参考书之一"和"Web前端工程师案头必备图书之一"。第2版首先从技术的角度结合最新的HTML 5和CSS 3标准对内容进行了更新和补充，其次从结构组织和写作方式的角度对原有的内容进行了进一步优化，使之更具价值和更便于读者阅读。

　　全书共29章，本书分为上下两册：上册（1~17章）全面系统地讲解了HTML 5相关的技术，以HTML 5对现有Web应用产生的变革开篇，顺序讲解了HTML 5与HTML 4的区别、HTML 5的结构、表单元素、HTML编辑API、图形绘制、History API、本地存储、离线应用、文件API、通信API、扩展的XML HttpRequest API、Web Workers、地理位置信息、多媒体相关的API、页面显示相关的API、拖放API与通知API等内容；下册（19~29章）全面系统地讲解了CSS 3相关的技术，以CSS 3的功能和模块结构开篇，顺序讲解了各种选择器及其使用、文字与字体的相关样式、盒相关样式、背景与边框相关样式、布局相关样式、变形处理、动画、颜色相关样式等内容。全书一共351个示例页面，所有代码均通过作者上机调试。下册的最后有2个综合案例，以迭代的方式详细讲解了整个案例的实现过程，可操作性极强。

HTML 5开发精要与实例详解

　　这是一本以综合性案例为导向并辅之以精要知识点讲解的HTML 5实战教程。内容分为两大部分：第一部分通过一系列中大型案例全方位对HTML 5的各个重要知识点进行了详细的讲解，每个案例包含案例概述、页面效果展示、案例所涉及主要知识点（精要）、源代码剖析4个部分，读者既能根据书中的步骤动手实践，又能重点学习案例中用到的核心理论知识，同时还能领会源代码的设计思路和方法；第二部分讲解了jWebSocket、RGraph、WebGL等3个重要框架和技术的详细使用方法。

　　全书一共12章：第1章分别用2个案例演示了如何利用HTML 5中的结构元素来构建一个博客网站和企业门户网站；第2章用2个案例讲解了表单在HTML 5中的使用；第3章用6个案例讲解了如何利用Canvas元素来绘制图形、图像和制作动画；第4章用2个案例介绍了文件APT和拖放API的使用方法；第5章用4个案例讲解了如何打造自己的网页视频播放器、网页音频播放器，以及实现视频实时回放和视频截图等多媒体功能；第6章用6个案例全面讲解了HTML 5中的本地存储技术；第7章用单点登录和获取批量数据这2个案例讲解了HTML 5中的跨文档的消息传输技术；第8章用2个案例讲解了如何利用Web Workers实现多线程处理；第9章用1个案例讲解了如何利用Geolocation API来获取地理位置信息；第10~13章分别讲解了Socket通信框架jWebSocket、统计图制作插件RGraph、三维Web开发技术WebGL的详细使用方法，并辅之以丰富的案例。

　　本书所有案例的源代码都是作者亲自编写并调试和运行成功的。读者可以利用这些代码进行实战练习，也可以根据需要对这些代码进行修改，以观察不同的效果，从而加深对案例代码和书中知识点的理解。

推荐阅读